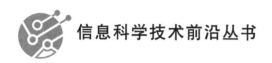

信息科学技术前沿丛书

复杂无线传感器网络同步

张增平　高宽云　王　滨　李元平　著

U0291015

北京邮电大学出版社
www.buptpress.com

内 容 简 介

　　无线传感器网络是一种典型的物联网网络形式,其大量智能化节点感知各种物理信息,并自发、协同进行信息传输和处理。由于具有能耗小、易部署、成本低、免维护等特点,无线传感器网络被广泛应用于智能感知和控制等领域。其中,网络同步是一个极具挑战性的基础科学问题,本书系统阐述并拓展了网络同步技术。

　　本书共有 9 章内容:第 1 章,绪论;第 2～4 章,系统研究了网络及其同步模型;第 5～7 章,探究了基于统计估计的时钟同步,并在此基础上,研究了时钟同步的优化问题;第 8～9 章,拓展了网络同步的新方法。

　　本书内容针对性强且新颖,可供从事复杂网络同步研究的科研人员、工程技术人员以及高等院校相关专业的研究生阅读和参考。

图书在版编目（CIP）数据

　　复杂无线传感器网络同步 / 张增平等著 . -- 北京：

北京邮电大学出版社, 2025. -- ISBN 978-7-5635-7447

-6

　　Ⅰ . TP212

　　中国国家版本馆 CIP 数据核字第 2025Z6M852 号

策划编辑：刘纳新　　**责任编辑：**王晓丹　蒋慧敏　　**责任校对：**张会良　　**封面设计：**七星博纳

出版发行：北京邮电大学出版社
社　　址：北京市海淀区西土城路 10 号
邮政编码：100876
发 行 部：电话：010-62282185　传真：010-62283578
E-mail： publish@bupt.edu.cn
经　　销：各地新华书店
印　　刷：保定市中画美凯印刷有限公司
开　　本：720 mm×1 000 mm　1/16
印　　张：10.25
字　　数：184 千字
版　　次：2025 年 2 月第 1 版
印　　次：2025 年 2 月第 1 次印刷

ISBN 978-7-5635-7447-6　　　　　　　　　　　　**定　价：69.00 元**

· 如有印装质量问题,请与北京邮电大学出版社发行部联系 ·

前　　言

随着微型传感器和无线通信技术的发展,无线传感器网络作为一种自组织系统,具有能耗小、部署快、成本低、免维护等特点,被广泛应用于各种智能感知、数据融合、智能控制等领域。

网络同步是一个极具挑战性的基础科学问题。在复杂无线传感器网络中,系统各种功能,诸如多模态数据融合、资源调度、功率管理、智能感知与智能控制等,要求网络实现快速、高精度的同步。然而,在能耗约束条件下,如何满足网络同步要求成了一个极具挑战的基础性科学问题。针对这一问题,本书从同步模型、理论分析、数值模拟和实验测试等方面,进行了详细的阐述和总结。

本书系统地阐述和拓展了同步技术。无线传感器网络的稳定、可靠工作取决于网络的协同一致。网络同步技术旨在实现频率偏差和相位偏差的抑制。针对这一目标,我们详细阐述了基于统计参数估计的主要模型。与此同时,拓展并研究了非线性耦合相振子同步模型。

在基于统计参数估计的模型中,时钟频率和相位偏差的同步补偿,依赖于统计参数估计的准确性。首先,根据无线通信协议,应用理论分析了数据传输延时的确定部分和随机部分。其次,在大量实验和数据分析的基础上,建立了传输延时的分布模型。最后,详细研究了三种典型的时钟同步模型。它们分别是时间信令交互同步模型、侦听节点同步模型和仅接收节点同步模型。时间信令交互同步模型和仅接收节点同步模型表现出比较高的同步精度,但缺点是信息交互频繁。为了降低能耗,我们对上述两种模型分别进行了优化。实际上,优化方法是一种基于贝叶斯理论的同步机制,该机制利用贝叶斯后验概率与先验概率的递归性质,降低时间信令的交互次数,从而实现节能。另外,针对节点同步的实时性同步的问题,提出一种基于卡尔曼滤波器的改进算法。该改进算法通过组合各种可能受噪声影响的传感器测量值,估算并跟踪系统状态,优化同步的实时性。

复杂系统与复杂网络的深入研究给探究系统宏观同步涌现与微观机制间的联系提供了理论和技术基础。在无线传感器网络运行中,数据传输与时钟同步总是存在着一定的相互作用。传感器节点缓存的数据包越多,则需要更快速地处理和转发。反之,如果传感器节点的重要性越强,则流入的数据包越多。受此启发,将无线传感器网络数据包的转发建模为有偏的随机游走过程。另外,利用协议栈编程建构了一个相互耦合的逻辑网络,模拟并实现网络全局的同步。因此,从无线传感器网络同步设计的角度,我们重新阐述了实验室原有的动力学模型和数值模拟结果,旨在探究数据传输驱动下,无线传感器网络同步设计的新思路。该模型可通过调控数据转发的偏好规则,使网络随耦合强度的逐步增大而产生爆炸式的同步。该爆炸性同步还表现出一种重要的双稳态现象。这表明,基于以上思路的网络同步设计具有速度快的特点以及抗干扰的能力。

另外,考虑到无线通信具有分布式、信道统计复用等特征。这些特征将导致数据传输链路上的数据通信质量存在差异性。为此,采用异质性动力学模型和数值模拟结果,重新阐释了在无线传感器网络中,考虑异质性耦合强度作用下的网络全局同步设计的构思。

本书是我们实验室多年研究和实践的总结。在此,我们要特别感谢研究生伊德尔昆、韩钰、王滨、苏晨杰、李博、张天琪、周瑛皓、张玉欣和工程师郑亨举、王耀民、毛东明、任酉城、庞志刚,书中大量引用了他们的论文和实验报告。书中也参考和引用了国内外许多学者的论文和著作,我们也一同表示衷心的感谢!

另外,感谢内蒙古自治区高等学校"创新团队"发展计划(项目编号:NMGIRT-A1609)、内蒙古自然科学基金面上项目(项目编号:2020MS06021)、内蒙古"草原英才"滚动支持计划、内蒙古人才开发基金项目、内蒙古财经大学自治区"五大任务"研究专项(项目编号:NCXWD2424)、内蒙古自治区教育科学研究"十四五"规划课题(项目编号:NGJGH2024602)、区域数字经济与数字治理研究中心(项目编号:SZZL202536)的资助。

由于作者水平有限,书中难免有不妥之处,恳请广大读者和专家批评和指正。

作　者

2024 年 8 月 5 日

目　　录

第 1 章

绪　　论

无线传感器网络(Wireless Sensor Network,WSN)是一种复杂的无线自组织网络。大量无线传感器节点随机部署在一个空间区域内,感知其周围的物理信息,并利用短距离无线通信技术,自发、协同地进行信息传递,最终形成一个具有复杂网络拓扑结构的复杂系统。该系统具有能耗小、成本低、易部署、免维护等优点,目前已成为物联网的重要组成部分。WSN 正在不断被应用于军事和工业等各个领域,诸如危险环境监测、智慧医疗、智慧城市、智能感知、智能控制、国土安全等[1-6]。同时,WSN 的应用也面临诸多挑战。例如,系统协同控制的问题是典型的网络同步。在复杂无线传感器网络中,系统需要完成的各种功能任务,如多模态数据融合、网络资源调度、功率管理、定位跟踪等,均要求 WSN 系统能够实现快速、稳定的高精度网络同步。然而,在能耗约束条件下,由于无线信道带来的网络拓扑结构的时变性,实现指标要求的网络同步,已成为一个极具挑战性的基础科学问题[7-9]。针对上述问题,本书将从同步模型、理论分析、数值模拟、实验测试等方面,进行详细的阐述和总结。

1.1　复杂无线传感器网络

WSN 是由大量无线传感器节点构成的自组织网络。其被随机部署在一个空间区域内,形成的网络拓扑结构,如图 1-1 所示。图 1-1 中显示,节点(Sensor)代表大量的无线传感器。汇聚节点(Hub)表示网络中部分负责信息汇聚的传感器。

系统工作过程中,各个传感器节点感知并采集周围环境信息。然后,利用无线通信技术,传输数据。节点间通过数据交互作用,形成一个分布式、自组织的复杂网络。最终,能够实现协同一致地传递、处理数据信息。

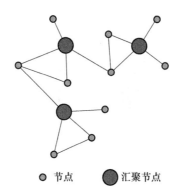

● 节点　　● 汇聚节点

图 1-1　复杂无线传感器网络的拓扑结构示意图

1.1.1　复杂网络

图 1-2 是一个典型的无线传感器网络的例子[10]。WSN 由大量的微机电系统(Micro-Electro-Mechanical Systems,MEMS)传感器节点组成,这些节点都通过集成的无线通信模块与它们的相邻节点连接。

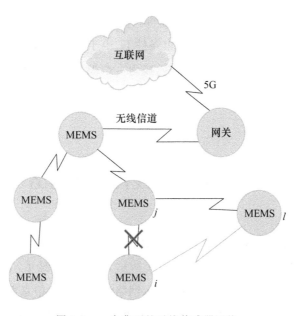

图 1-2　一个典型的无线传感器网络

　　网络中,各个节点相互协作,通过无线信道进行分组数据交换,实现信息传递、路由和处理。与此同时,网络的拓扑结构能够实现动态变化,即网络节点可以加入或者退出,亦可重新连接。其中,图 1-2 显示了这一时变特征。节点 i 可能由于容量或者通信协议的原因,中断了与节点 j 的链路。然后,节点 i 发现并重新建立了与节点 l 的连接关系。如此,WSN 形成了一个复杂的系统。

　　出于理解和控制复杂系统的目的,我们需要对其建模。根据 WSN 的网络及其功能特点,通常将其建模为一个复杂网络。建模后的复杂网络是一个具有结构化特征的图数据结构 $G=(V,E)$,其中,V 是节点的集合,$|V|$ 表示网络的大小。如果节点 i 和 j 存在链路,则有 $(i,j)\in E$。在建模中,网络 G 的节点代表复杂系统的实体,其中,具有相互作用的实体之间存在着连边关系。复杂网络的建模方法在现实中具有普适性。

　　事实上,现实中大多数复杂的物理系统,均可建模为复杂网络。在自然系统方面,包括脑神经网络、生物网络、蛋白质网络、疾病传播网络,以及自然生态网络等。而在人工系统方面,则包括文献引用网络、互联网、航空网络、社交网络、电力网络、无线传感器网络等。复杂网络具有三个主要的特征,分别是小世界特征、无标度特征和社区结构特征。

1. 小世界特征

　　小世界的复杂网络,具有相对较小的网络直径。在一个具有小世界特征的复杂网络中,尽管网络尺度可能趋于无穷,任意两个节点之间,却存在一个相对较小的最短路径。小世界特征不仅具有较短的网络直径,而且还具有较高连接密度和局部聚集性。这意味着,稀疏网络中的节点,虽然大多数并不是相邻节点,但是它们可利用媒介节点,穿越社区结构,通过较少跳数(Hop)路由至网络中的任意节点。此外,小世界网络的短路径长度,随着网络大小的递增,会变得更小。这反映了网络的高效连通性。事实上,这种高效连通性将使数据通信、信息传递变得更加迅速和有效。总的来说,复杂网络的小世界特征揭示了网络节点间的高效连通方式。这种特征广泛存在于各种复杂系统中,如脑神经网络、计算机网络和无线传感器网络等。

2. 无标度特征

　　无标度网络的度分布服从幂律分布,具有无标度特征。在具有无标度特征的复杂网络中,节点的度分布没有显著的特征尺度。其中,绝大多数的节点的连接度较小,而少数节点却拥有大量的连接。在度分布曲线上,表现出明显的拖尾效应。在无标度网络中,少数度大的节点被称为 Hub 节点,这些节点在网络中通常起着主导的作用。无标度网络局部结构的异质性,体现了真实世界中大多数复杂系统的真实情况。例如,无线传感器网络中的汇聚节点,它不仅是信息处理的中心,而且是路由转发的关键节点。

无标度特征的存在,对网络的结构和功能有着重要的影响。首先,对于节点的随机故障,网络具有较强的鲁棒性。因为网络中绝大部分节点属于度小的节点,所以当某个度小的节点发生故障时,对整个网络的影响是有限的。然而,针对 Hub 节点的蓄意攻击,无标度网络表现得又非常脆弱。这些关键 Hub 节点的故障,可能导致级联失效,使得整个网络发生雪崩式的坍塌。从另外角度看,Hub 节点的识别和利用,对网络的保护、管理和信息传播等方面,都具有重要意义。目前,网络的无标度特征正在被广泛应用于设计更加有效的传播及同步配置等。总的来说,网络的无标度特征揭示了网络节点局部的异质性。该特征对于理解 WSN 的结构和功能,以及分析和设计整个网络的同步具有重要意义。

3. 社区结构特征

复杂网络的团簇结构,也称为社区结构或簇结构,它是网络的一个重要拓扑属性。社区结构特征表现为网络中的部分节点可划分为若干子集,它们相对独立且内部连接紧密,而不同子集的连接相对稀疏。社区结构的形成,通常是受网络功能或节点属性的影响。因此,社区结构有助于理解和分析网络的模块化、功能分区、信息的局部传播等特征。

为了识别和分析复杂网络的社区结构特征,研究者们相继提出了许多社区发现算法。例如,各种聚类方法、标签传播算法、图神经网络模型等。总之,社区结构反映了网络中节点的聚集和分组行为,有助于我们更深入地理解 WSN 的组织和功能。

复杂网络依据网络功能,划分为不同的类型(表 1-1)。按照功能层次,网络可建模为单层网络模型和多层网络模型。为了提取更加丰富的交互信息,有时我们将复杂网络,建模为具有多个个体相互作用的高阶网络模型。与此同时,根据连接特征,生成的网络模型有随机网络、小世界网络和无标度网络等模型。

表 1-1 复杂网络模型的主要分类[11-12]

网络功能	网络结构类型
功能层次	单层网络
	多层网络
功能信息	成对作用网络
	高阶网络
连接特征	随机网络
	小世界网络
	无标度网络

在复杂系统与复杂网络的研究中,根据功能层次的不同,网络可建模为单层网络模型和多层网络模型。单层网络模型是一种较为简单的网络模型,它将所有节点和连边都抽象在同一层次上。在这种模型中,节点代表系统中的实体(如MEMS 传感器等),而连边代表这些实体之间的相互作用或交互行为。单层网络模型,通常用于描述具有单一类型关系或交互的系统。其优点是具有简洁性和直观性,方便进行数学分析和计算机模拟。然而,单层网络模型可能无法充分反映无线传感器网络中多层次、多维度的复杂特征。有时,为了更全面地刻画复杂系统的结构和行为,研究者们提出了多层网络模型。

多层网络模型由多个单层网络组成,这些单层网络之间通过某种具体的方式相互关联。在多层网络模型中,节点和连边可以在不同的层次上,具有不同的属性和行为,而多个层次之间的关联,则反映了这些功能层次或维度之间的相互作用和影响。例如,在 WSN 中,不同层可以代表不同的逻辑功能,如数据的分组交换、时钟相位的耦合等。多层网络模型的优势在于,其能够更全面地反映复杂系统的多维度和多层次特征。然而,这种模型的复杂性,增加了数学分析和计算机模拟的难度。相较于单层网络模型,多层网络模型我们需根据具体的研究目标和系统特征,选择合适的模型,进行分析和模拟。

成对作用网络模型和高阶网络模型在网络科学中,有着不同的特点和应用。成对作用网络模型的特点是,每一条连边只连接两个节点,它是最简单的网络模型。因此,这种网络模型易于理解和编码。成对作用网络模型是很多研究领域的基础,包括社交网络分析、交通网络规划、通信网络设计等。对于成对作用网络模型,我们可以使用一系列基于图论的分析方法和指标,例如,节点度分布、网络直径、聚类系数等,揭示网络的模型结构和性质。

相较于成对作用网络模型,高阶网络模型考虑了多个节点的共同作用。高阶网络模型的复杂性,更真实地反映了现实世界中复杂系统的相互作用模式。在基于单纯复形的高阶网络模型中,一个单纯形可以连接三个或更多的节点,增加了网络的维度和连接的多样性。因此,高阶网络模型具有更强的表示能力,能够捕捉多个节点间的协同作用和相互影响。成对作用网络模型与高阶网络模型,两种结构模型各具特点。前者简单直观且应用广泛,后者复杂且能更真实地反映现实世界中复杂系统的相互作用模式。

最后,复杂网络的基本形式主要有随机网络、小世界网络、无标度网络模型。随机网络模型的连通性具有随机性,适合描述随机接触的物理网络。换句话说,在随机网络模型的生成过程中,连边是按照一定的概率值确定的。小世界网络模型的形成有两种典型途径,分别是自然形成和利用专门生成小世界特征的网络设计规则创建。小世界网络模型最重要的属性是,其平均路径长度较低,同时平均聚类系数也较低。许多大规模自然网络,尽管其网络尺度趋于无穷,平均路径长度为 $O(\log_2 N)$,其中 N 为网络中节点的数目。另外,在许多真实世界中,网络具有无标度特征,其中,节点的度分布在双对数坐标上呈现出线性特征。

1.1.2 无线传感器网络

无线传感器网络是一种具有功耗小、成本低、易部署、免维护等特点的自组织网络。它的能量受限,数据传输以多跳路由的形式进行,可密集部署在某一特定区域中。WSN 主要用于分布式监测和传输区域内的环境信息。例如,在智慧农业项目中,WSN 监测的环境信息主要包括,环境温度、气压、湿度、水分含量、污染水平、环境中的各种化学物质等。在野外的环境保护中,WSN 可以实现较大范围内 24 h 不间断的分布式定位、监测、跟踪野生动物的生活规律。

WSN 中的传感器节点通常包含如图 1-3 所示的关键组件,它们分别是敏感元件、处理模块、无线通信模块、供电模块。

传感器节点的敏感元件通常是利用 MEMS 技术制备而成的。其用于感知和监测周围的物理信息,并转化为电信号,通过接口提交给处理模块。处理模块根据算法,对信息进行计算和编码。短距离无线通信模块,负责发送和接收处理模块的

图 1-3　一个无线传感器节点的关键组件

信息编码。在通信模块中嵌入了一组无线网络通信协议,用于路由和协调传感器节点间的数据包传递。

　　供电模块往往是一个一次性的供电电池。因此,无线传感器网络对能耗极其敏感。尤其是在数据包传输过程中,信息交互次数不能太多,否则会造成节点能量消耗,导致无线传感器网络的局部失效,甚至可能扩散至整个网络,引发级联失效。

　　近年来,随着 MEMS 和无线通信技术的发展,无线传感器节点的价格更加低廉,体积更加小巧,甚至可以作为一次性装置使用。大量无线传感器节点组成的WSN,由于其设备成本低廉,没有集中控制设备。因此,通过随机密集部署传感器节点,监测整个区域变得切实可行。在一些地形复杂的应用场景中,甚至可以通过飞行器等空中平台,随机部署大量传感器节点,监测感兴趣的环境物理参数。在上述情形下,WSN 具有自组织、协同一致、自动路由、较高稳定性等复杂网络特征。

1. 无线传感器网络的发展

　　WSN 是一种不同于常规的、新型的无线网络。它的研究发端于 20 世纪 70 年代,最初应用于空中预警系统。早期的 WSN 只能感知单一信号,传感器节点间进行简单的点到点无线通信。1980 年,美国国防部高级研究计划局(DARPA)提出了分布式无线传感器网络的项目。该研究项目旨在建立一个分布式的、由低功耗无线传感器节点组成的自组织网络。在该网络中,项目期望各个节点间相互协作,自主运行,最终将汇总后的信息传输至控制中心。至此,WSN 成为自组织网络的关键技术之一。1998 年,科学家从网络研究的角度,重新阐释了无线传感器网络的科学意义。1999 年 9 月,美国《商业周刊》将无线传感器网络列入 21 世纪最重要的 21 项技术之一,并被预见为是 21 世纪人类信息研究领域所面临的重要挑战之一[13-14]。

　　进入 21 世纪后,随着无线通信、计算机、传感器技术的发展,WSN 有了更明确的定义。美国于 2001 年,提出了"灵巧传感器网络通信计划"。其基本思想是,在战场环境中,随机部署大量传感器,收集、传输、处理信息,并将汇总后的信息传送到各数据融合中心。最后,集成为一幅战场全景图,使战场态势的感知能力大大提高。随后2002年,Intel公司发布了"基于微型传感器网络的新型计算机发展规划",该计划报道,Intel公司将致力于微型传感器网络在医学、环境监测等方面的应用。在2003年,美国自然科学基金委员会制定了无线传感器网络研究计划书,并在加利福尼亚大学洛杉矶分校成立了无线传感器网络研究中心,联合周边的康奈尔大学、加利福尼亚伯克利分校、南加利福尼亚大学等,共同开展"嵌入式智能传感器"的研究项目。目前,美国大多数知名院校,几乎都有课题组在从事传感器网络相关技术的研究。另外,日本、英国、加拿大等国家的科研机构,也加入了无线传感器网络的研究。这表明,无线传感器网络开始深入人们生活的各个方面[13-14]。

综上所述,无线传感器网络的发展历程可划分为四个主要阶段(表1-2)。它们的技术发展路线主要是沿着传感器的小型化、低功耗、低成本等特点,以及无线通信技术的方向发展。在此基础上构建一个去中心化、快速部署、健壮性强的无线传感器网络。

表1-2   无线传感器网络发展的四个主要阶段[13-14]

发展阶段	技术特点
第一代	利用传统的传感器,采用点到点无线传输技术,将无线传感控制器连接起来,组成一个无线网络
第二代	在第一代传感器网络的基础上,增加了获取多种信息信号的综合处理能力,并通过与传感控制器相连,组成了具有信息综合与信息处理能力的传感器网络
第三代	基于现场总线的智能传感器网络。现场总线是连接智能化现场设备和控制室之间的全数字、开放式的双向通信技术。利用这一现场总线技术,取代了第二代传感器网络
第四代	随着MEMS技术的出现,以及低功耗模拟和数字电路技术、低能耗无线射频技术的快速发展,开发体积小、成本低、功耗小的微传感器成为可能。如此,将成千上万体积小、重量轻的传感器协同同步工作,就构成了第四代无线传感器网络

2. 无线传感器网络的特点

1）网络尺度大

部署 WSN,其目的是获取精确的物理环境信息。在监测区域内,通常部署大量无线传感器节点,节点数量可能达到成千上万,甚至更多。就 WSN 的大规模尺度主要体现在两个方面。一方面是传感器节点分布广。例如,在森林防火应用中,通常需要部署大量的传感器节点,才能覆盖广泛的区域。另一方面是传感器节点的部署往往较为密集。例如,在一个空间内,由于短距离无线通信和跳跃式路由的特点,所以在一定的局部空间区域内,需要密集部署大量的无线传感器节点。总之,无线传感器网络的大规模性,具有诸多优点。通过分布式的数据采集,获得的信息具有更好的信噪比。另外,通过协同处理大量采集的信息,能够提高监测的准确度,并降低对单个传感器节点的技术要求。此外,由于大量冗余节点的存在,使得 WSN 系统具有很强的容错性能,增大覆盖的监测区域,减少盲区。

2）自组织网络

WSN 不同于其他网络的一个重要特征是自组织性。在无线传感器网络应用中,场景通常缺乏通信基础设施。传感器节点的位置不能预先设置,它们的邻居关系也无法确定。因此,要求传感器节点组成的无线网络需要具有自组织的能力。在自组织网络中,节点能够自动进行配置和管理,网络能够通过拓扑控制机制和协议,自动形成多跳的无线网络系统。另外,在运行过程中,部分节点可能会由于能量耗尽,或环境因素造成失效,脱离网络。与此同时,新增节点会加入网络,弥补失效节点和增加监测准确度。如此,WSN 的拓扑结构将随时间动态变化。为此,WSN 的自组织性能够适应网络拓扑的动态调整,并具有网络重构的能力。

3）多跳路由

WSN 的数据传输受存储转发机制支配。在无线传感器网络中,通信技术常采用短距离的射频技术,所以信号覆盖范围有限。如果实现长距离数据传输,则需要节点路由。不同于基础通信中的网关,无线传感器网络中的路由功能实现,是由网络中的每个节点自身完成的,网络中没有专门的网关设备。

4）网络的韧性

无线传感器网络拓扑的复杂性,使其结构具有一定的抗干扰能力。由于 WSN 的自组织性,网络结构往往具有一定的无标度特征,即节点的连接关系具有偏置效应。这种偏置效应使网络具有较好的工作韧性,特别适合部署在恶劣环境或人类不易到达的区域。事实上,由于无线传感器网络的这种结构上的韧性,即使由于恶劣的环境,部分传感器节点无法工作,通常也不会对整个网络造成影响。

5) 数据驱动的网络

无线传感器网络是任务驱动的网络。其中,数据是信息检索和传输的中心任务。因此,无线传感器网络是一个以数据为中心的网络。特别是,在目标跟踪应用中,网络感兴趣的是发现跟踪目标,而并不关心是哪一个节点检测到的目标。

综上各种特点,WSN 用来感知客观物理世界,获取物理世界的信息。由于客观世界的多样性,给无线传感器网络的设计带来了一定的挑战。

3. 面临的挑战

无线传感器网络不同于传统的数据网络,对 WSN 的设计与实现提出了新的挑战,尤其是在基础理论和基础应用两个层面存在诸多富有挑战性的研究课题。

1) 低能耗

MEMS 传感器的体积小,其电源模块的供电能力极其有限。无线传感器网络一经部署,常常处于自动运行状态,所以传感器节点会由于电源能量的耗尽而失效。

在无线传感器网络运行过程中,节点要最小化自身的能量消耗,从而获得最长的工作时间。基于这一考虑,无线传感器网络中的各项技术和协议,通常以节能为约束的前提条件。

2) 实时性

WSN 的应用大多要求有较好的实时性。例如,在空间目标跟踪定位的应用场景中,当目标进入监测区域后,需要传感器网络及时响应。若响应时间慢,则无法锁定目标。在无人驾驶系统中,对车辆位置和速度的测量,需要在很短的时间内做出响应。否则,系统将无法正确估计车辆的状态,导致交通事故。这些应用都对 WSN 的实时性提出了很大的挑战。

3) 低成本

WSN 由大量传感器节点组成,对降低单个传感器节点成本的要求极其严格。为了达到降低单个节点成本的目的,除了需要设计出对计算、通信和存储能力要求较低的网络系统和通信协议外,通常还需要考虑减少系统管理与维护等方面的开销,来降低整个系统的成本。

4）安全和抗干扰

WSN 具有严格的资源限制,需要设计低开销的通信协议,同时也会带来严重的安全问题。如何使用较少的能量,确保数据安全并在破坏或受干扰的情况下可靠地完成任务,也是 WSN 研究与设计所面临的一个重要挑战。

5）同步协作

同步协作是 WSN 实现各种功能的基础。由于单个传感器的能力有限,往往需要整个 WSN 协同一致地完成工作。同步需要通过设计算法,交换信息,对所获得的数据进行加工、汇总和过滤,以事件的形式得到最终结果。对于数据的同步协作,由于受能耗的约束,网络同步是无线传感器网络研究中最重要的基础性问题。

1.2 无线传感器网络同步

1.2.1 网络同步

网络同步是指网络中大量非线性动力组件,通过相互作用实现全网的有节律工作。网络中由于相互耦合的原因,节点间形成了一个复杂的动力学网络系统。网络中各节点的状态可根据其相邻节点的状态,调整本身的当前状态。如此,经过演化进而最终实现整个网络的同步。

网络同步演化是一个趋同的动力学过程。在网络中,大量节点通常是一些具有简单非线性动力学特征的系统,它们各自随时间,进行自身的动力学演化。其间,通过网络连接关系的相互作用,进行动力学耦合。这种耦合作用,既可以是单向的,也可以是双向的。在耦合的影响下,当满足一定条件时,网络中这些系统的状态输出,会随着时间逐渐趋同。这一动力学过程,称为同步过程。复杂网络的同步主要有两大类,分别是完全同步和广义同步。前者研究较多,后者更具挑战性,是今后一个重要研究方向。其中,广义同步主要包括相位同步、滞后同步、频率同步等[15-22]。

另外,同步是复杂网络的一种基本动力学行为。其研究的问题主要包括以下几个方面:①如何定量刻画网络的同步能力;②拓扑如何影响同步行为,即什么样的网络拓扑结构,最有利于实现同步;③同步动力学行为如何影响网络拓扑结构,亦即,利用同步动力学行为,实现网络拓扑的重构。这些问题的回答,无论在理论上,还是在实际应用中,都具有十分重要的意义。因此,网络同步已成为研究的热点和前沿领域。

1.2.2 无线传感器网络同步概述

无线传感器网络的同步管理,主要是指工作时钟上的同步管理。在分布式无线传感器网络的工作中,每个传感器节点都有自己的本地时钟。由于传感器制备的工艺偏差,不同传感器节点的晶体振荡器的频率总是存在固有误差。另外,在实际应用场景中,往往会受环境因素的影响,如环境温度、湿度和电磁环境等,网络中传感器节点间的运行时间会出现累积偏差。这些误差都将导致无线传感器网络无法正常工作。

同时,无线传感器网络是一个自组织网络,需要协同一致地完成任务。在传感器网络中,由于单个节点的能力有限,根据具体应用的需要,网络内所有的节点需要相互协同、配合共同完成。因此,无线传感器网络的协同工作,需要分布式节点间的时钟同步。时钟同步是分布式网络的一个关键机制。另外,无线传感器网络的一些节能策略,也是利用时钟同步实现的。

在无线传感器网络中,时钟同步涉及物理时间和逻辑时间两个不同的基本概念。物理时间是用来表示人类社会使用的绝对时间。而逻辑时间体现了事件发生的顺序关系,是一个相对的概念。在本书中,我们研究的同步对象是一种逻辑工作时钟的同步。

1.3 网络同步研究进展

耦合动力学系统的同步研究由来已久[23-32]。早期研究,集中在具有规则拓扑结构的网络上的同步,典型的如全连接网络的同步。近年来,由于小世界特征、无标度特征的发现,人们越来越多地关注复杂网络上的同步行为。其研究的主要目的是理解复杂网络拓扑结构与同步化行为之间的关系。该研究不断表明,网络同步具有重要的研究价值和应用前景,并受到广泛的关注。

首先,基于一致性动力学网络模型,学者们给出了无边界区域的同步条件。考虑到现实网络结构和耦合强度的时变性,人们通过引入随时间变化的复杂网络模型,推导了实现同步的准则。其次,许多研究者对此进行了拓展,旨在完整地刻画现实网络。人们还就不确定因素对网络同步的影响进行了研究。诸如,外界噪声对同步的干扰,以及网络传输速率、带宽限制、拥塞等延迟对网络同步的影响。有趣的是,人们还借鉴了控制理论知识,通过引入控制策略,提出了牵引同步控制和自适应控制等方法。

近些年来,随着复杂网络的发展,对网络同步的研究提出了新要求。越来越多的学者开始关注,多层网络和高阶网络的同步演化过程。他们从新的视角,研究网络的同步控制,尝试更加完善地表现网络同步行为。

1.4　本书结构

在绪论中,我们详细描述了无线传感器网络同步研究的意义和关键问题。在此基础上,下面给出本书的主要章节结构。

在第 2 章中,我们对复杂网络模型及其统计特征进行了详细的介绍。首先,针对无线传感器网络时钟同步算法,详细介绍了复杂网络的拓扑结构。其中,主要网络结构包括随机网络模型、无标度网络模型和无关联配置网络模型。在此基础上,就网络模型和统计特征分别进行了详细的推导和描述。

时钟同步的主要任务是利用网络中节点间的相互耦合作用,建立一个时钟相位的同步机制。为此,在第 3 章中,我们建立了时钟同步信号模型。此外,引入非线性耦合相振子同步模型,拓展了复杂无线传感器网络的同步模型。

在第 4 章中,我们详细分析了节点间数据包传递的随机延时。研究表明,数据传输延时包含确定延时和随机延时两个部分。然后,在实验环境中,我们进行了点到点的延时测试。测试数据的拟合结果显示,随机延时服从高斯分布,并获得了延时分布的数字特征。无线传感器网络中的传输延时分布,为后面章节中的同步设计提供了先验知识。

在第 5 章中,我们根据传输延时分布,研究了三种典型的同步模型。它们分别是时间信令交互同步模型、侦听节点同步模型、仅接收节点同步模型。首先,基于极大似然法,对上述三种模型进行了详细的分析。其次,通过实验测试,得到了验证。特别地,针对时间信令交互同步模型,结合费舍尔信息矩阵,我们分析了相位偏差和频率偏差估计的克拉美-罗下界,以及均方差。

在第 6 章和第 7 章中,我们分别对统计同步模型进行了优化。时间信令交互同步模型和仅接收节点同步模型,主要是基于极大似然法,估计相位偏差和频率偏差。尽管它们的同步精度较高,但是信令交互次数频繁,能耗较高。为了实现节能型同步算法,在第 6 章中,我们引入了贝叶斯理论,利用先验概率与后验概率的迭代更新规则,减少了传感器节点间的数据包交互次数,实现了节能优化的目的。而在第 7 章中,考虑侦听节点同步模型中无法实现实时同步,我们利用卡尔曼滤波器的状态跟踪方法,改善了该模型的实时性。

复杂网络的理论与方法已经为探索同步涌现的基本机制提供了理论和技术基础。在无线传感器网络运行中,数据传输与时钟同步总是存在着一定的相互作用。传感器缓存的数据包越多,则需要更快速地处理和转发。反之,如果传感器节点的重要性越强,则流入的数据包越多。受此启发,在第 8 章中,将无线传感器网络的数据包的转发建模为有偏的随机游走过程。另外,利用无线通信协议栈编程建构了一个相互耦合的逻辑网络,模拟并实现网络全局的同步。因此,从无线传感器网络的同步设计的角度,重新阐述了实验室原有的动力学模型和数值模拟结果。旨探究在数据传输驱动下,无线传感器网络同步设计的新思路。

在第 9 章中,为了体现节点间耦合强度的异质性,我们利用机器学习的方法进行了同步层边的权重配置。首先,将生成的同步层作为图数据输入,训练图神经网络计算模型。在此基础上,将连边权重嵌入到多层网络模型中,用以描述耦合强度异质性。

第2章

复杂网络模型与统计特征

复杂网络的结构及其特征,对整个网络系统呈现的宏观行为,具有显著的影响。为了深入地理解这些影响,在热力学极限条件下,运用统计力学的方法,针对网络拓扑结构形成机制,建立复杂网络数学模型。针对三种常用的网络模型[33-36],即随机网络模型、无标度网络模型和无关联配置网络模型,下面分别进行阐述。

2.1　随机网络模型及其统计特征

从某种意义上讲,规则网络和随机网络属于两种截然不同的特殊网络,而复杂网络则是一种普遍存在的网络结构,它介于上述两者之间。网络大致上可被看作是一个由节点集和边集构成的二元组的数据结构,记为 $G=(V,E)$,其中 $V=\{v_i|i=1,2,\cdots,N\}$ 和 $E=\{e_{ij}|$ 节点 i 和 j 存在链接$\}$ 分别表示,网络 G 的节点集合和连边集合。如果节点按照确定的规则链接,所得到的网络,称为规则网络。反之,如果节点不是按照确定的规则连边,而是随机链接,则形成的网络就属于随机网络。既不同于规则连边,也不同于随机链接。如果节点按照某种自组织原则的方式连边,将演化成各种不同结构的复杂网络。

20 世纪 50 年代末,匈牙利数学家 Erdös 和 Rényi 在图论领域,首次引入了随机性,提出了著名的 Erdös-Rényi 随机图模型(简称 ER 模型)。ER 模型为网络科学随机性研究奠定了基础,被广泛应用于各种网络现象的分析中。例如,描述计算机通信网络、蛋白质相互作用网络等。对于具有复杂拓扑结构和未知组织规则的大规模网络而言,通常表现出随机性。因此,ER 模型也常常被用于复杂网络的描述。

ER 模型以其简单和随机连接的思想,在很长时间内被大家采纳。从 20 世纪 60 年代到 20 世纪 90 年代末,将近 40 年的时间里,ER 模型一直是复杂网络研究的基本模型[37-38]。然而,现实中复杂网络并不是完全随机的,其缺陷也是显而易见的。下面就 ER 模型进行详细分析。首先,根据连边的随机性和热力学极限条件,建立 ER 模型。其次,分析随机网络模型的主要拓扑特征,如度分布、网络直径和平均距离、聚类系数等。

2.1.1 随机网络模型

随机网络模型是节点通过随机连接,而形成的一种复杂网络模型。它的形成依赖于两种基本机制,分别是 ER 模型和二项式模型,二者是等价的。

1. ER 模型

给定网络尺度大小为 N,首先,假设网络是一个无向的全连接网络,则有 $N(N-1)/2$ 条连边。其次,从这些连边中,随机选择 M 条连边,即可得到一个随机网络。很显然,随机网络的生成共有 $\binom{N(N-1)/2}{M}$ 种组合,且随机生成的每种网络的概率相等。

2. 二项式模型

给定网络尺度大小为 N,每一对节点以相同概率 p 进行连边。如此,生成网络的边集大小 $M=|E|$ 则为一个随机变量,其均值为 $\langle M \rangle = p[N(N-1)/2]$。若 G_0 是一个由网络大小为 N,M 条连边构成的网络,则其生成概率为

$$p(G=G_0)=p^M(1-p)^{[N(N-1)/2]-M} \tag{2.1}$$

其中,p^M 表示网络中具有 M 条连边的概率,$(1-p)^{[N(N-1)/2]-M}$ 表示网络中不存在连边的概率。假设它们是相互独立的,故将概率相乘,即可得到网络 G_0 生成的概率值。

Erdös 和 Rényi 系统性地研究了热力学极限条件($N \to \infty$)下,ER 模型的性质与概率 p 之间的关系。他们给出的定义是,如果 $N \to \infty$ 时,产生一个具有性质 Q

的 ER 模型的概率为 1 时,那么称每一个 ER 模型都具有性质 Q。

　　根据这一定义,Erdös 和 Rényi 最重要的发现是,ER 模型具有涌现或相变的现象。ER 模型的许多重要性质,都是突然出现的。也就是说,对于任意给定的概率 p,要么几乎每一个网络都具有某个性质 Q,要么几乎每一个网络都不具有该性质。例如,对于网络的连通性而言,如果连边概率 p 大于某个临界值 $p_c \propto (\ln N)/N$,则几乎每一个 ER 模型都是连通的。

2.1.2 　 随机网络模型的统计特征

　　随机网络模型的基本性质主要包括度分布近似泊松分布、短的平均距离和较小的聚类系数等。下面就各种基本性质逐一进行详细介绍。

1. 随机网络模型的度分布

　　Erdös 和 Rényi 对随机图的最大度和最小度进行了早期探究,随后 Bollboas 经过严格推导,得出了网络度的概率分布函数。在网络理论中,节点的度是指与该节点相邻的节点的数量。其中,网络度的概率分布函数,描述了在网络中随机选择一个节点,其度等于某个特定的概率值。因此,度分布是研究网络结构和性质的重要工具。随机网络的度分布服从泊松分布,也就是说,网络中出现度大的节点和度小的节点的可能性均比较小。如图 2-1 所示,由于泊松分布在其均值两边,呈现出快速的指数衰减的特征,所以随机网络有时也称为指数网络。

　　在 ER 模型中,给定连边的概率 p。显然,网络的平均度为 $\langle k \rangle = p(N-1)$,其中,$N$ 是网络的大小。当 $N \to \infty$ 时,平均度逼近于 $\langle k \rangle = pN$。对于节点 i,其度大小等于 k 的概率,则为一个二项分布,即

$$B(p,N) = p(k) = \binom{N-1}{k} p^k (1-p)^{N-1-k} \tag{2.2}$$

　　在热力学极限条件下,当 $N \to \infty$ 时,求解式(2.2)的极限。根据自然常数 e 的极限定义,即可得到网络度分布的表达式,它服从一个 Poisson 分布,有

$$p(k) \to \frac{\langle k \rangle^k}{k!} e^{-\langle k \rangle} \tag{2.3}$$

其中,$\langle k \rangle$ 是随机网络的平均度,它也是 Poisson 分布的数学期望。式(2.3)表明,分布在均值两边按照指数规律衰减,衰减的弛豫时间 $\tau \propto 1/\langle k \rangle$,即平均度越大,衰

减越快。因此,ER 模型也称为"Poisson 随机网络"。

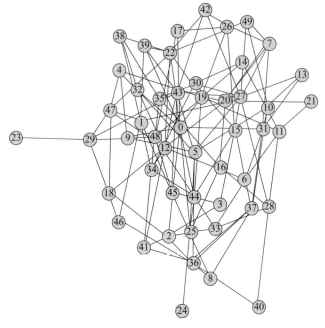

(a) 随机网络模型

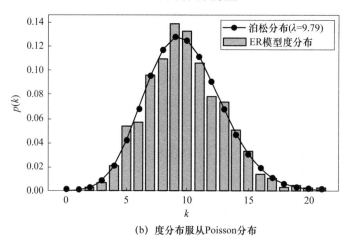

(b) 度分布服从Poisson分布

图 2-1 随机网络模型及其泊松度分布

2. 随机网络模型的直径和平均距离

网络的直径是指网络中遍历所有节点间的路径长度的最大值。特别地,如果网络是一个非连通图,定义其直径为无穷大。或者将最大连通子图的直径定义为非连通网络的直径。对随机网络模型而言,在连边概率不是很小的情形下,网络直径通常趋于一个稳定的有限值。也就是说,对于 $N \to \infty$ 的随机网络,网络直径基本上不依赖于连接概率 p 的大小,通常近似于

$$D = \frac{\ln N}{\ln \langle k \rangle} \approx \frac{\ln N}{\ln pN} \tag{2.4}$$

随机网络模型的平均距离记为 L_{ER}。显然,在随机网络模型中任取一个节点,与其距离近似等于 L_{ER} 的节点数量为 $\langle k \rangle^{L_{ER}}$。因此,有 $N \propto \langle k \rangle^{L_{ER}}$,两边取自然对数即可得到式(2.4)。

由式(2.4)可见,网络的平均距离仅是网络尺度大小 N 的对数,此种特征其实就是典型的小世界特征。因为该对数值随着网络规模增长得很慢,这就使得即使规模很大的随机网络模型,也可以具有很小的网络平均距离。

3. 随机网络模型的聚类系数

平均聚类系数是网络分析中一个重要指标,用于衡量图中节点与其邻居之间联系的紧密程度。具体来说,它描述的是一个节点的邻居节点之间相互联系的程度。平均聚类系数是所有节点聚类系数的平均值。而对于单个节点来说,其聚类系数为节点的邻居节点之间实际存在的边数与可能的最大连边数之比。

平均聚类系数可以准确地反映出一个网络的联系紧密程度。系数越大,表明网络交互越紧密,社区结构也越稳定,社群内部的信息流动越快,同时活跃度也越高。该指标对提高社区交流效率、增进社区间交流有重要的价值。在 ER 模型中,节点间连接概率为 p。因此,其平均聚类系数为

$$C_{ER} = \frac{\langle k \rangle}{N-1} \approx \frac{pN}{N} = p \tag{2.5}$$

式(2.5)表明,对大规模且稀疏的 ER 模型而言,由于 $p \ll 1$,所以网络不具有聚类特征。现实中大多数复杂网络,通常具有明显的聚类特征。例如,本书中所讨论的复杂无线传感器网络。事实上,复杂网络的聚类系数要比相同规模的 ER 模型的聚类系数高得多。随着网络科学的不断发展,还有更多的复杂网络模型被研究。

度分布表现为泊松分布形式的网络,包括 ER 模型、WS 模型和 NW 模型[39-40]。在复杂网络理论中,网络的度分布是一个关键特征,它描述了网络中节点的连接度如何分布。当网络的度分布表现为泊松分布时,这意味着网络中的大多数节点具有相似的连接数,且具有较大连接数或较小连接数的节点较为少见。如

前所述,在 ER 模型中,节点之间的连接是随机的,每个节点都以某一概率 p 相连。当网络规模足够大且连接概率适中时,ER 模型的度分布可以近似为泊松分布。WS 模型是一种介于规则网络和随机网络之间的网络模型。它从规则网络开始,通过随机重连边的方式引入随机性。在某些参数设置下,WS 模型的度分布可以接近泊松分布。NW 模型是 WS 模型的变体,它通过随机加边而不是重连边来引入随机性。与 WS 模型相比,NW 模型保证了网络的连通性,因为在增加连边的过程中,不会删除任何已存在的连边。在适当的参数设置下,NW 模型的度分布同样可以展现出泊松分布的特征。总之,度分布服从泊松分布的网络模型,其分布在度均值 $\langle k \rangle$ 处有一个峰值,两边呈指数快速衰减。这意味着,当网络的度远大于均值($k \gg \langle k \rangle$)时,度为 k 的节点几乎不存在。因此,这类网络也称为均匀网络或指数网络。

2.2 无标度网络模型及其统计特征

在现实世界中,绝大多数网络,如无线传感器网络,都不同程度地拥有无标度特征。无标度网络是复杂网络中一个重要概念,指的是网络中节点的连接度分布遵循幂律分布 $p(k) \sim k^{-v}$,其中 v 称为度指数。图 2-2 是一个典型的无标度网络模型和幂律度分布。在无标度网络模型中,少数节点拥有大量的连接,而大部分节点只有少量的连接。这种网络结构在现实世界中具有普适性,例如,在无线传感器网络中,一些汇聚传感器节点拥有大量的链接和数据转发量,而大多数节点只有少量的链接和转发。这种连接的不均匀分布就是无标度特征的一个表现。

无标度特征对网络结构和功能具有重要的影响。在无标度网络模型中,信息的传播速度更快,但也更容易受到攻击。其中,少数具有汇聚作用的 Hub 节点对整个网络起主导作用。如果这些 Hub 节点被蓄意攻击,那么整个网络可能会受到严重影响。另外,无标度网络具有小世界特征,使得信息传播速度加快。例如,在计算机病毒传播过程中,病毒极易扩散。同时发现,无标度网络也具有较强的抗干扰能力。节点的随机故障,通常不会导致网络连通性的级联失效。

总的来说,现实世界中的绝大多数网络都不同程度地拥有无标度特征,这种无标度特征对网络的结构和功能产生深远影响。下面我们将针对一种典型的无标度网络模型——BA 模型,分别就其网络模型和网络特征进行详细的描述。

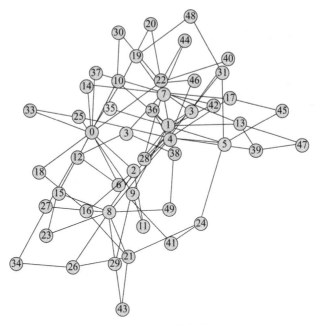

(a) 无标度网络模型

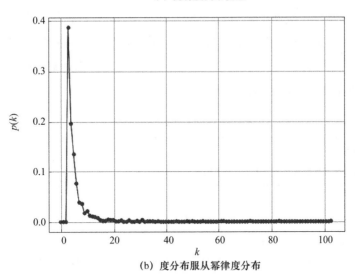

(b) 度分布服从幂律度分布

图 2-2　无标度网络模型及其幂律度分布

2.2.1 无标度网络模型

为了解释幂律分布的产生机理,学者 Barabasi 和 Albert[41] 提出了一个无标度网络模型,即著名的 BA 模型。该模型主要用于阐述无标度网络的生成机制。

BA 模型的核心机制可以归纳为两条。第一条是增长机制。模型从一个初始网络开始,然后不断向网络中添加新的节点。每个新节点都会与网络中已经存在的节点建立连接。这种增长过程,模拟了真实世界中网络的动态扩张特征。第二条是偏好连接机制。当新节点加入网络时,它不是随机选择连接,而是根据已有节点的度大小来决定。具体来说,度大的节点相比度小的节点,更有可能被新节点连接。这种"富者更富"的现象,称为"优先机制"或"马太效应"。它导致了网络中度分布的不均匀性,即形成了幂律分布特征。通过上述两个核心机制,BA 模型成功地解释了无标度网络中,连接度的幂律分布的产生机理。此外,该模型还揭示了无标度网络的其他重要特征,如鲁棒性和脆弱性并存。网络对于随机故障具有很强的鲁棒性,因为大多数节点都是度小的节点,它们的失效不会对网络造成重大影响。然而,针对度大的节点的蓄意攻击,BA 模型表现得非常脆弱。因为这些节点在网络中起着至关重要的作用。总的来说,BA 模型为我们理解幂律分布和无标度网络的特征提供了重要的理论框架。

算法 2-1   BA 模型的生成算法

输入:一个小型的连通网络

输出:一个具有无标度特征的较大尺度、稀疏的无标度网络

步骤:

(1) 初始化:构造开始时,根据具体需要设定输入网络包含一定数量 m_0 的初始节点,并且这些节点之间具有一定数量的边存在,以确保网络的连通性。

(2) 网络生长:引入一个新的节点,将其与网络中已有的 m 个节点,进行链接。其中,约束条件为 m 小于当前网络的尺度。

(3) 优先链接:一个新的节点与一个已经存在的节点 v_i 相链接的概率 π_i,满足关系 $\pi_i = \dfrac{k_i+1}{\sum\limits_{j}k_j+1}$,其中 k_i 和 k_j 分别是网络中节点的度的大小。

(4) 同步更新:循环上述步骤(2)和步骤(3),直至 t 步。该算法将最终生成一个具有 $N=t+m_0$ 个节点、新增 mt 条连边的网络。此时,构造过程结束。

基于上述网络增长和偏好优先连接机制,BA 模型的生成算法如算法 2-1 所示。值得注意的是,这个初始网络必须是连通的,意味着任意两个节点之间都存在一条路径相连。这是为了确保在后续的网络增长过程中,新加入的节点能够通过网络中的路径与其他所有节点相连。另外,初始输入的网络无特定拓扑结构的要求。初始网络的具体拓扑结构(如规则网络、随机网络等),在 BA 模型中并没有严格要求,关键是满足连通性和具有一定数量的初始节点及边。综上所述,模型的初始输入是一个包含一定数量节点和连边的小型连通网络,其具体拓扑结构可以根据实验或模拟的需要进行灵活设置。这样的初始网络,为后续的网络增长和偏好连接提供了基础。

2.2.2 无标度网络模型的统计特征

无标度网络的主要特征包括小世界、社区结构、鲁棒性、度分布服从幂律分布等特征。这些特征共同揭示了,无标度网络在结构、功能和演化方面的独特性质。小世界特征表现在网络中平均最短路径长度通常很小。这意味着,信息或资源在无标度网络中,可以高效地进行传输。社区结构体现在内部的聚类系数较高,通常包含许多团簇和圈。在无标度网络生长过程中,由于偏好连接性,往往会形成许多社区结构。在社区结构内部节点间连接紧密,而社区结构之间的联系则比较稀疏。这种特征既反映了网络中节点之间的紧密关系,又体现了相对独立的性质。无标度网络具有较好的鲁棒性。如果在网络中随机选择节点,当它们发生故障时,对网络的整体性能通常不会造成灾难性的影响。然而,无标度网络也表现出一定的脆弱性。如果蓄意攻击网络中的 Hub 节点,可能会使整个网络的性能大幅下降,甚至造成网络失效。另一个重要性质是,无标度网络的度分布服从幂律分布。由于偏好连接和生长特征,导致网络中少数 Hub 节点的连接数较大,而绝大多数的节点的连接度较小。这种具有拖尾效应的不均匀分布特征,是无标度网络一个非常重要的特征。因此,基于增长和偏好连接机制,演化生成了具有上述特征的无标度网络。

目前,主要采用三种理论方法,对无标度网络的度分布进行分析。它们分别是连续场理论、速率方程法、主方程法。其中,速率方程法和主方程法是等价的。而且,三种方法得到的度分布的渐近结果都是相同的。下面就三种方法分别进行详细阐述。

1. 连续场理论

假设节点的度是连续取值的，同时考虑增长和偏好连接的特征，易知，节点 i 的度值 k_i 的演化，遵循

$$\frac{\mathrm{d}k_i}{\mathrm{d}t} = m\,\frac{k_i+1}{\sum_j k_j+1} \qquad (2.6)$$

其中，m 表示在时刻 t 网络中新加入的节点与原来的 m 个不同节点进行连边（$m \leqslant m_0$，m_0 是初始网络节点数）。因此，网络中新增加的连边数量为 m 条，网络度的总和为 $2m$。经过 t 步演化，网络的度数为

$$\sum_j k_j = 2mt \qquad (2.7)$$

将式（2.7）代入式（2.6），近似为

$$\frac{\mathrm{d}k_i}{\mathrm{d}t} = \frac{k_i}{2t} \qquad (2.8)$$

求解式（2.8），得

$$\ln k_i = \ln t^{\frac{1}{2}} + C \qquad (2.9)$$

由初始条件可知，节点 i 在时刻 t_i 以 m 条链接加入网络系统中，则有 $C = \ln m/\sqrt{t_i}$，代入式（2.9），得

$$k_i(t) = m\left(\frac{t}{t_i}\right)^{\frac{1}{2}} \qquad (2.10)$$

由式（2.10）可见，随着时间的增长，节点的度以抛物型曲线单调递增。且先前（即 t_i 较小）加入的节点，连接度增长的速度越快，并以牺牲新节点（即 t_i 较大）的度为代价。这也很好地解释了无标度网络生成过程中的所谓"富人俱乐部"效应的现象。

由式（2.10）可写出节点度的概率分布为

$$p(k_i(t) \leqslant k) = p\left(t_i \geqslant \frac{m^2 t}{k^2}\right) \qquad (2.11)$$

若等步长地加入节点，且初始网络中有 m_0 个节点，则某一时刻 t_i 的概率密度函数为 $p(t_i) = 1/(m_0+t)$。所以，可得

$$p(k_i(t) \leqslant k) = 1 - p\left(t_i \leqslant \frac{m^2 t}{k^2}\right)$$

$$= 1 - \int_1^{\frac{m^2 t}{k^2}} p(t_i) \tag{2.12}$$

$$= 1 - \frac{m^2 t}{k^2(m_0 + t)}$$

网络度分布为

$$p(k) = \frac{\mathrm{d}}{\mathrm{d}k}(p(k_i(t) \leqslant k)) \tag{2.13}$$

$$= \frac{1}{k^3} \frac{2m^2 t}{m_0 + t}$$

当 $t \to \infty$ 时,式(2.13)可近似为 $p(k) \approx 2m^2 k^{-3}$,其服从幂律分布。

2. 速率方程法

速率方程的理论关键是,假设在时刻 t,度大小为 k 的节点数为 $N_k(t)$。很显然,对于 BA 模型而言,满足条件 $\sum_k k N_k(t) = 2mt$。在这里,考虑偏好性连边的特征,新加入的 m 条连边,链接到度为 k 的节点的概率为

$$m \frac{k}{\sum_j k_j} = m \frac{k}{2mt} = \frac{k}{2t} \tag{2.14}$$

根据连续性理论,现在需要考察 $N_k(t)$ 的变化率。若在前一时刻 $t-1$,对于度的大小为 $k-1$ 的节点,由于新增连边而变成了度为 k 的节点,则可作为变化率的贡献项。反之,对于度大小为 k 的节点,由于新增连边而变成了度为 $k+1$ 的节点,则其可作为变化率的损耗项。对新增节点而言,如果其度大小 $k=m$,则保留。因此,$N_k(t)$ 受以下方程控制

$$\frac{\mathrm{d}N_k(t)}{\mathrm{d}t} = m \frac{(k-1)N_{k-1}(t) - kN_k(t)}{\sum_k k N_k(t)} + \delta_{km} \tag{2.15}$$

其中

$$\delta_{km} = \begin{cases} 1, & k=m, \\ 0, & k \neq m. \end{cases} \tag{2.16}$$

按照大数定律,有 $N_k(t) \approx t p(k)$,则式(2.15)可写为

$$p(k)(k+2) = p(k-1)(k-1) + 2\delta_{km} \tag{2.17}$$

式（2.17）为一个差分方程，递推求解，可得

$$p(k) = \frac{2m(m+1)}{k(k+1)(k+2)} \propto 2m^2 k^{-3} \tag{2.18}$$

式（2.18）表明，网络的度分布服从幂律分布。其中，连续场理论和速率方程法均可得到度指数为 3 的幂律分布。

3. 主方程法

主方程法的解决思路是构造一个具有边界条件的递推关系。初始时，假设网络由 m_0 个孤立节点组成。然后，以变分时间 δt 开始，每一步新增一个节点，并且选择 $m(m < m_0)$ 个节点进行链接。定义 $p(k, t_i, t)$ 为时刻 t_i 加入的节点，在时刻 t 度为 k 的概率。

考虑到时刻 t 网络中度的和为 $\sum_j k_j = 2mt$。此时，网络中如果新增一个节点，由式（2.14）可知，节点 i 的度 k 改变为 $k+1$ 的概率为 $k/2t$。否则，该节点的度不变。由此，得到的递推关系表达式为

$$p(k, t_i, t+1) = \frac{k-1}{2t} p(k-1, t_i, t) + \left(1 - \frac{k}{2t}\right) p(k, t_i, t) \tag{2.19}$$

其中，边界条件为 $p(k, t, t) = \delta_{km}$，则网络的度分布为

$$p(k) = \lim_{t \to \infty} \left(\frac{1}{N} \sum_{t_i} p(k, t_i, t)\right) \tag{2.20}$$

则有递推方程

$$p(k) = \begin{cases} \dfrac{k-1}{k+2} p(k-1), & k \geq m+1, \\[3mm] \dfrac{2}{m+2}, & k = m. \end{cases} \tag{2.21}$$

式（2.21）递归求解，得到网络的度分布为

$$p(k) = \frac{2m(m+1)}{k(k+1)(k+2)} \propto 2m^2 k^{-3} \tag{2.22}$$

式（2.22）表明，主方程法得到的度分布结果与速率方程法得到的结果相互等价。而且，网络的度分布函数可由度指数为 3 的幂律函数近似描述。

4. 无标度网络的平均路径长度和聚类系数

对于网络大小为 N，度分布 $p(k) \propto k^{-v}$ 的无标度网络，其平均路径长度依赖于

度指数,如

$$L \propto \begin{cases} \ln \ln N, & v \in [2,3), \\ \ln N / \ln \ln N, & v = 3, \\ \ln N, & v > 3. \end{cases} \quad (2.23)$$

这表明无标度网络也具有小世界特征。而无标度网络的聚类系数可计算为

$$C \propto \frac{m^2 (m+1)^2}{4(m-1)} \left[\ln \left(\frac{m+1}{m} \right) - \frac{1}{m+1} \right] \frac{(\ln T)^2}{T} \quad (2.24)$$

其中,T 表示网络中最终加入的节点个数。式(2.24)表明,当 T 为有限值时,网络的聚集性接近于 ER 模型。而当网络尺度变得非常大时,式(2.24)则趋近于零,这表明无标度网络不具有显著的聚类特征。

5. 鲁棒性

网络的鲁棒性是指移除网络中的部分节点或连边后,网络的连通性仍然存在。鲁棒性的测量指标,可以使用一个比例来度量。其度量值等于极大连通分支的大小与原网络尺度大小的比值。

众多研究发现,随机网络和无标度网络的鲁棒性表现不同。利用渗流理论给出的解析结果,可以准确地描述随机网络的鲁棒性。当随机移除的节点比例超过确定阈值时,网络会发生坍塌,此时网络的鲁棒性度量指标近似为零。而对于无标度网络而言,随着故障节点比例的增加,鲁棒性指标仅连续缓慢下降。只有网络中的绝大多数节点被移除后,网络才会发生瘫痪现象。然而,在研究中也发现,当针对网络中的 Hub 节点进行攻击时,其鲁棒性也表现出和随机网络一样的阈值现象,且阈值很小。由此可见,无标度网络既表现出一定的鲁棒性,同时也存在一定的脆弱性。这种脆弱性说明,网络中的 Hub 节点对于网络的健壮性设计极其重要。Hub 节点连接了大量的度小的节点,而且网络中的 Hub 节点的数量也相对较少,该拓扑结构可能是造成网络脆弱性的一个主要原因。

6. 适应度特征

BA 模型遵循增长和偏好连接的机制,可以很好地描述现实世界中复杂网络的无标度特征,然而也存在一些明显的限制。上述三种网络生成理论,得到的网络度分布的度指数均为 3。然而,针对实际网络的实证分析显示,实际中复杂网络的度指数往往介于 2 到 3 之间。此外,还存在一些实际的复杂网络具有诸如指数截断、

小变量饱和等的非幂律特征。在 BA 模型的生成过程中,由于新增节点偏好连接度大的节点,因此节点的度随着时间的增长,满足如下的幂律关系

$$k_i(t) \propto \left(\frac{t}{t_i}\right)^{\frac{1}{2}} \tag{2.25}$$

其中,t_i 为节点 i 加入网络中的时刻,k_i 是节点 i 在时刻 t 的度的大小。式(2.25)表明,在 BA 模型中,节点越老,它的度则越大。

实际上,现实的复杂网络在形成过程中,节点度的大小并非完全依赖于时间尺度。例如,在社交网络中,活跃个体往往更愿意交友,可以在短时间内建立更多的好友关系。在互联网上,由于网站利用了各种设计、广告策略、流量等吸引手段,可能会使得该网站能够后来者居上,获得大量用户的青睐和链接。在科研论文引用中,近期发表的原创性、高质量论文,总是能够被其他学者的论文大量引用,成为关注的热点。为此,在 BA 模型的基础上,为了更加准确地描述复杂网络,人们进行了大量的拓展。其中,最为典型的一种新模型称为适应度模型,它考虑了网络个体适应度。则对于一个新增节点,其偏好连接概率可定义为

$$m\pi_i = \frac{\eta_i k_i}{\sum_j \eta_j k_j} \tag{2.26}$$

其中,η_i 定义为节点 i 的适应度,其服从某种概率分布。例如,服从玻尔兹曼分布 $p(E_i) \sim \exp(-E_i/kT)$,$k$ 是玻尔兹曼常数。

由式(2.26)可以看出,适应度模型不仅考虑了节点的度,同时也考虑了节点的适应度水平。在适应度模型中,如果一个新加入的节点具有较高的适应度,那么该节点就有可能在随后的网络演化过程中获取更多的边。另外,根据适应度分布函数的形式,适应度模型可以呈现出两类不同的生长行为。如果适应度分布函数具有有限支撑,则退化为普通的 BA 模型。如果该分布具有无限支撑,那么适应度最高的那个节点就会获得整个网络中一定比例的连边数。即表现出一种所谓的"垄断"现象。

2.3 无关联配置网络模型

无关联配置网络模型[33]是一种灵活的广义随机网络模型。如图 2-3 所示,每个顶点具有 k_i 个"半桩",图中共有 N 个顶点,表示网络的尺度大小。图 2-3 中各

顶点的半桩总和为

$$\sum_{i=1}^{N} k_i = 2m \qquad (2.27)$$

其中,m 表示网络的连边数量。

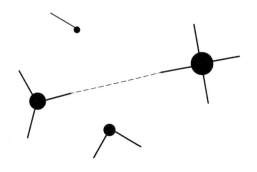

图 2-3 无关联配置网络模型的半桩连接

顶点序列 $\{k_i\}_{i=1}^{N}$ 可依据所期望的度分布 $p(k)$ 生成。然后,均匀随机地选择两个半桩,把它们连接在一起,则形成一条边,如图 2-3 中虚线所示。

无关联配置网络模型是一种灵活的广义随机图网络模型,可按照所期望的任意度分布生成一个以节点为索引的度序列。然后,以均匀概率密度随机连接半桩节点,形成网络结构。因此,无关联配置网络模型形成的网络具有我们所期望的任意网络度分布的特征属性。

由于该网络模型的灵活性,所以到目前为止,它是被使用最广泛的一种网络模型之一。图 2-4 是无关联配置网络模型生成的无标度网络结构,其网络大小为 N =1 000,度分布 $p(k) \sim k^{-2.8}$,网络平均度 $\langle k \rangle = 10$。由此,我们可利用它来模拟一个度指数为 $v = 2.8$ 的无标度网络。如图 2-4(b)所示,在双对数坐标系下,网络的度分布呈线性关系,即满足幂律分布。

事实上,人们经常感兴趣的是,在给定度分布的条件下,生成一个随机网络模型。具体地,给定一个概率分布 $p(k)$,度序列由该概率分布生成。然后,利用半桩方法,构建一个具有上述度序列的随机网络模型。在无关联配置网络模型的计算中,关键的参数是度为 k 的顶点在网络中所占比例。根据定义,这一比例在热力学极限下,即网络大小趋于无穷大时,等于度分布 $p(k)$。

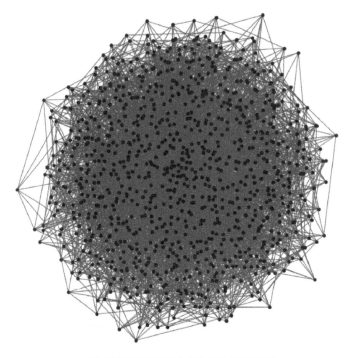

(a) 无关联配置模型生成的无标度网络结构

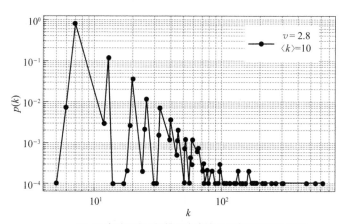

(b) 无关联配置网络模型生成的无标度网络的度分布

图 2-4　无关联配置网络模型生成的无标度网络

本 章 小 结

　　本章针对随机网络的生成模型,详细介绍了三种常见的网络模型。它们分别是随机网络模型、无标度网络模型和无关联配置网络模型。我们在热力学极限条件下,运用统计力学的方法,分别阐述了上述三种复杂网络的数学生成模型。同时,分别解释了它们的网络特征。其中,最重要的统计特征有小世界特征、无标度特征、社区结构特征。

第 3 章

网络同步模型

复杂无线传感器网络稳定工作取决于全网有节律的运行。网络同步关注的问题是无线传感器节点的时钟在频率和相位上维持同步。为了有效设计网络同步，有必要对时钟同步建立相应的数学模型。下面我们将详细介绍两种模型框架，分别是基于参数估计的时钟模型，以及基于相互耦合的非线性振子的同步模型。

3.1　时钟同步模型及其设计要素

3.1.1　时钟同步模型

在无线传感器网络中，每一个传感器节点都具有一个独立的、物理的晶体振荡器。晶体振荡器会周期性地输出一定频率的时钟信号，并且无法自己调节其输出的时钟频率。其中，晶体振荡器的时钟可表示为[7]

$$c(t) = \lambda \int_{t_0}^{t} \omega(\tau) \mathrm{d}\tau + c(t_0) \tag{3.1}$$

其中：$c(t)$ 表示在时刻 t 晶体振荡器维持的时钟；$c(t_0)$ 代表在初始时刻 t_0 晶体振荡器的时钟；$\omega(\tau)$ 是晶体振荡器的瞬时振荡频率；λ 表示一个集总参量，它与晶体振荡器的物理特性有关。由于工艺偏差和运行累积误差，网络中传感器节点间的时钟，总是存在着一定的频率偏差和相位偏差。

式（3.1）表明，晶体振荡器的振荡频率仅与其物理特性相关。物理特性主要包括器件的工艺特性、长期工作带来的器件老化、环境影响等。这些因素都会造成传感器节点的时钟出现偏差，衡量该偏差的两个主要指标分别称为频率偏差（简称频偏）和相位偏差（简称相偏）。

频偏是指节点的时钟频率相对于标准时钟频率产生偏差的相对大小，它表征了节点时钟的稳定性。相偏指的是节点的时钟相对于标准时钟发生偏离的相对大小，它反映了节点时钟的运行准确度。

考虑晶振的频率通常在较短时间内不会发生较明显的偏差。因此，我们在传感器节点的时钟同步过程中，可将瞬时角频率简化为一个常数，则式(3.1)可写为

$$c(t) = \lambda \omega (t - t_0) + c(t_0) \tag{3.2}$$

其中，ω 为一个角频率常数。

事实上，在传感器节点工作时，通过时钟程序对晶体振荡器的输出信号进行分频，提供传感器节点的本地工作时钟。首先，时钟程序通过检测晶振周期性输出信号的过零点时刻。其次，递增其计数器的计数值。当计数值达到阈值时，时钟程序将产生一个中断响应，并产生一个时钟脉冲。同时，计数器重置，开始新的计数。如此，周而复始地输出一个时钟周期信号。

在执行时钟同步算法时，为了避免出现传感器节点工作的紊乱，以及降低工作成本，我们通常不会修正传感器节点的物理时钟。事实上，我们是通过上面所描述的时钟程序，修改传感器节点的工作时钟，即软件时钟。该软件时钟可建模为如下的表达式：

$$C(t) = f c(t) + \varphi \tag{3.3}$$

其中，$C(t)$ 表示节点的软件时钟，f 和 φ 分别是节点的频偏和相偏。在基于统计模型设计同步算法过程中，频偏和相偏是统计参数估计的两个主要参量。根据这两个估计值，修正传感器节点的软件时钟，保证它们能够协调一致地同步工作。

3.1.2　时钟同步模型工作原理

时钟同步的工作原理[7]，如图 3-1 所示。假设给定同步节点 A 和参考节点 R，根据式(3.3)可得到同步节点 A 以及参考节点 R 的本地时钟为

$$\begin{cases} C_A(t) = f_A c_A(t) + \varphi_A \\ C_R(t) = f_R c_R(t) + \varphi_R \end{cases} \tag{3.4}$$

我们对式(3.4)进行无量纲化后,可得同步节点相对于参考节点的工作时钟关系为

$$C_A(t) = f_{AR} C_R(t) + \varphi_{AR} \tag{3.5}$$

其中,f_{AR} 和 φ_{AR} 分别为同步节点相对于参考节点的频偏和相偏。因此,当它们实现同步时,则有 $f_{AR}=1$ 以及 $\varphi_{AR}=0$。如图 3-1(b)所示,同步节点 A 相对于参考节点 R 的时钟变化曲线,将与 45°基准线重合。

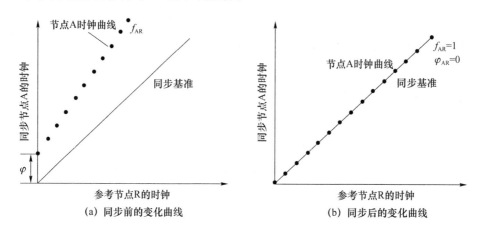

图 3-1   时钟同步的工作原理示意图

基于上述的同步方法,对于尺寸大小为 N 的整个无线传感器网络而言,如果满足 $\{C_i(t) = C_j(t) \mid i,j = 1,2,\cdots,N\}$,网络则实现了时钟同步。然而,由于无线传感器网络是一种没有中心控制节点、免维护的复杂自组织网络,所以,采用统计估计的方法,需要考虑网络的多种因素。

3.1.3   时钟同步算法要素

对于无线传感器网络而言,在设计时钟同步算法时,需要考虑多种网络要求和特性。

1. 能耗特性

复杂无线传感器网络部署在敏感检测区域内,其中的 MEMS 传感器节点由于供电有限,并且通常免于维护。因此,在时钟同步算法的设计中,首先需要考虑的问题是降低传感器同步所需的能耗。

在频偏与相偏的统计估计算法中,往往需要同步节点和参考节点之间进行多次时间信令数据交互。然而,无线传输将消耗 MEMS 传感器的大部分能量。研究表明,传感器节点在距离为 100 m 的范围内,传送 1 bit 信息时,所需的射频能量大概相当于执行 300 万条指令的计算能量。另外,传感器节点在执行时钟同步算法时,所消耗的能量约占总能耗的 17%[42]。因此,目前设计的时钟同步算法中,常通过增加传感器节点的计算代价来抵消无线传输的次数,从而降低同步算法的能耗。

2. 同步精度

时钟同步的目的是使同步节点与参考节点之间实现同步。同步后,如果频偏和相偏越小,同步精度越高。然而,根据前面的描述可知,传感器节点的能量总是有限的,有限的能耗将对同步精度产生重要的影响。因此,能耗是同步算法设计的一个重要的约束条件。

在现实中,同时考虑能量消耗和时钟同步精度是设计时钟同步算法的一个重要挑战[43]。所以,我们需要根据实际应用需求,折中权衡同步精度与能耗约束条件。

3. 安全性和稳定性

无线传感器网络在自由空间中,进行数据传输和交互,存在一定的安全性和稳定性问题。在无线通信过程中,网络容易被其他节点接入或蓄意攻击,所以需要提高网络的安全性。

另外,在无线网络中,无线信道往往容易被障碍物或恶劣环境干扰,这将导致节点间的数据传输发生数据包的丢失。因此,对于 WSN 时钟同步算法设计而言,还需要考虑提高数据保真和抗攻击的能力[44-45]。

4. 网络拓扑变化

WSN 网络拓扑结构随节点的数量和空间的变化而变化,这将影响时钟同步算法的性能[46]。其中,产生拓扑变化的主要因素是传感器节点的空间位置移动和能耗的不足。当网络拓扑结构发生变化时,传感器节点的路由信息就需要重新学习和自动配置。所以,针对具有动态特性的无线传感器网络,在时间同步算法设计时,需要考虑网络拓扑结构变化所带来的影响。

5. 可扩展性

时钟同步算法还需要考虑网络的扩展性要求[47]。在无线传感器网络中,随着传感器节点数量的增加,同步算法的计算复杂度将变大。因此,我们在设计同步算法时,应尽可能使算法的计算复杂度降低。

3.2 非线性耦合相振子同步模型

同步涌现现象被定义为一个复杂系统的大量组成部分通过相互作用,演化生成步调一致的动力学过程。同步涌现是一种普遍存在的现象,发生在自然和人类工程的各个系统中。该现象可以在广泛的系统中被观察到,包括神经网络中神经元的同步放电、自然界中萤火虫有节律的闪烁、人工电力网络中电压的一致波动、观众有节奏的掌声等。尽管这些系统存在着复杂性和差异性,但典型的 Kuramoto 模型提供了一个统一的框架,用于描述复杂系统中相互作用的振荡器之间的同步涌现[48-49]。

探究复杂网络的同步化现象是当前科学研究的前沿领域。基于前面介绍的复杂网络模型,结合非线性动力学的数学工具,在理论上解释了复杂网络上同步化具有一级相变的特征,即同步化依赖于相互作用强度的关系是非连续性变化的。这种具有一级相变特征的同步现象被称为爆炸式同步。要诱发复杂系统呈现快速的、自发性爆炸同步,需要合理设定动力学参量和网络结构参数等条件。

受爆炸性同步的启发,我们系统地研究了 WSN 的同步过程。首先,分析了 Kuramoto 模型。其中,数值模拟将在后面的第 8 章中结合多层动力学模型进行同步化描述,本小节仅对 Kuramoto 模型做理论解析。其次,在理论解析的基础上,利用无线传感器网络的数据传输机制,构建一个具有无标度特征的逻辑网络,称为同步层。

3.2.1 理论分析

Kuramoto 模型是研究复杂系统中具有相互作用的振荡器的相位同步的模

型[50-51]。该模型具有丰富的动力学行为、可解析分析、可扩展性等特点,被广泛应用于各种复杂系统的相位同步描述。它的每一个振荡器,以任意的自然频率周期性振荡,并与其邻居节点通过相位差的正弦值进行耦合,而不考虑振幅。随着时间的演化,当耦合振子牵连时,它们处于同步的锁相状态。否则,它们处于漂移状态。下面我们将详细介绍 Kuramoto 模型。

考虑一个具有大小为 N 的相位振荡器的复杂系统。如图 3-2 所示,每个振荡器 i 的特征,可描述为相位 θ_i 和自然频率 ω_i。当系统中的振子间相互隔离、没有任何相互作用时,它们则以自然频率振荡。此均匀振荡系统的演化可用一组微分方程描述,即 $\dot{\theta}_i = \omega_i (i = 1, 2, \cdots, N)$。为了解释振子之间的相互作用,这里使用了一个典型的模型,称为 Kuramoto 模型。它以其简单、易于分析和丰富的行为而闻名。Kuramoto 模型可由以下一阶微分方程组描述

$$\dot{\theta}_i = \omega_i + \sigma \sum_{j=1}^{N} A_{ij} \sin(\theta_j - \theta_i) \tag{3.6}$$

其中,θ_i 和 ω_i 分别是第 i 个振子的相位和自然频率,σ 为平均耦合强度,A_{ij} 是复杂网络邻接矩阵的元(当节点 i 和 j 连接时,有 $A_{ij} = 1$,否则 $A_{ij} = 0$)。

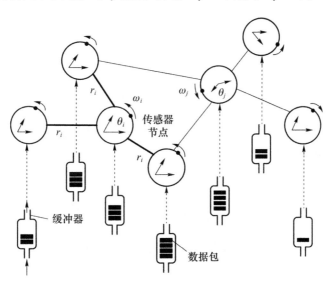

图 3-2　相位振荡器的复杂系统[52]

为了刻画 Kuramoto 模型中振子的同步化程度,定义全局序参量为

$$re^{i\psi} = \frac{1}{N} \sum_{j=1}^{N} e^{i\theta_j} \tag{3.7}$$

其中, $i = \sqrt{-1}$ 是单位虚数, ψ 表示平均相位, r 是序参量的模。由式(3.7)可知, 序参量满足 $0 \leqslant r \leqslant 1$。当系统进入定态时, 序参量 r 度量整个系统中振子的相位同步程度。 r 越接近于 1, 表明系统的同步性能越好, 形成同步簇的节点个数占整个系统节点数的比例越高。当 r 近似等于零时, 则表明系统处于无序状态。

为了观察同步过程中振荡器节点的锁频状态依赖于耦合强度的变化, 我们在长时间内 ($T \rightarrow \infty$) 取相振子的有效频率, 其计算公式为

$$\omega_i^{\text{eff}} = \frac{1}{T} \int_0^T \dot{\theta}_i \, \mathrm{d}t \tag{3.8}$$

其中, $\dot{\theta}_i$ 是振子的瞬时角速度。

为了更深入地理解 Kuramoto 模型的信息, 我们将对模型的式(3.6)进行详细的理论分析, 并推导得出一个关于稳态同步动力学的近似结果。在热力学极限的条件下 ($N \rightarrow \infty$), 首先我们假定网络不具有任意的结构化相关性, 如度-度相关性, 并且网络中没有较强的社区结构。在上述条件下, 我们求解方程的稳态同步解。

设同步解 ($r > 0$) 的群角速度为 Ω, 在以角速度为 Ω 的旋转坐标系下, 规定逆时针为正方向, 此时振子 i 的角位移可记为 $\phi_i = \theta_i - \Omega t$。所以, 式(3.6)可变换为

$$\dot{\phi}_i = (\omega_i - \Omega) + \sigma \sum_{j=1}^N A_{ij} \sin(\phi_j - \phi_i) \tag{3.9}$$

定义局部序参量为

$$r_i e^{\mathrm{i}\psi_i} = \frac{1}{k_i} \sum_{j=1}^{k_i} A_{ij} e^{\mathrm{i}\phi_j} \tag{3.10}$$

其中, 振幅 r_i 可解释为振子 i 的网络邻居的同步化度量。这里利用局部序参量的定义, 式(3.9)可化简为

$$\dot{\phi}_i = (\omega_i - \Omega) + \sigma k_i r_i \sin(\psi_i - \phi_i) \tag{3.11}$$

重要的是, 式(3.11)描述了振子 i 的动力学。如果 $\left| \frac{\omega_i - \Omega}{\sigma k_i r_i} \right| \leqslant 1$, 那么振子 i 的相对角位移可进入不动点。实际上, 该不动点可由式(3.12)确定, 即

$$\sin(\phi_i - \psi_i) = \frac{(\omega_i - \Omega)}{\sigma k_i r_i} \tag{3.12}$$

则振子 i 被其局部平均场锁相, 也就是说, 它被局部平均场吸引, 加入了局部同步簇中。反之, 如果 $\left| \frac{\omega_i - \Omega}{\sigma k_i r_i} \right| > 1$, 则振子 i 的相对角位移无法到达不动点, 亦即振子 i 处于漂移状态, 无法实现同步。

为了度量整个复杂系统的全局同步程度,现在我们来求解局部序参量。由式(3.10)可知,局部序参量 r_i 取决于邻居中的锁相振子和漂移振子,其中锁相振子的贡献是主要的,而漂移振子的贡献并不是严格为零。因为每个漂移振子在接近不动点时振荡,并且弛豫时间很长。相较于锁相振子,它们的贡献是二阶的。为了简化起见,在这里我们忽略了漂移振子的贡献,则局部序参量的定义式可改写为

$$r_i = \frac{1}{k_i} \sum_{|\omega_j - \Omega| \leqslant \sigma k_j r_j} A_{ij} e^{i(\phi_j - \psi_i)} \tag{3.13}$$

现在,我们做两个重要的简化假设。第一个假设是,局部平均角位移近似相等,即 $\psi_i \approx \psi_j$。当网络不存在强的社区结构时,动力学演化方程的同步解,只包含一个巨大的同步簇,所以这一假设是合理的。

第二个假设是,根据平均场的理论框架,局部序参量近似等于全局序参量,即 $r_i \approx r$。我们注意到,在网络结构的平均度大小不是太小的情形下,上述两个假设近似是准确的。

由此,将式(3.13)的右边,按照欧拉公式展开,并应用于式(3.12),得到

$$rk_i = \sum_{|\omega_j - \Omega| \leqslant \sigma k_j r} A_{ij} \left[\sqrt{1 - \left(\frac{\omega_j - \Omega}{\sigma k_j r}\right)^2} + i \frac{\omega_j - \Omega}{\sigma k_j r} \right] \tag{3.14}$$

对式(3.14)的两边,在指标 i 上进行求和。经整理后,可得

$$\begin{cases} r = \dfrac{1}{N\langle k \rangle} \displaystyle\sum_{|\omega_j - \Omega| \leqslant \sigma k_j r} k_j \sqrt{1 - \left(\dfrac{\omega_j - \Omega}{\sigma k_j r}\right)^2} \\[4mm] \Omega = \dfrac{\displaystyle\sum_{|\omega_j - \Omega| \leqslant \sigma k_j r} \omega_j}{\displaystyle\sum_{|\omega_j - \Omega| \leqslant \sigma k_j r} 1} \end{cases} \tag{3.15}$$

鉴于度-频序列 $\{k_i, \omega_i\}_{i=1}^N$,我们在平面 k-ω 上,定义区域 $\Sigma \triangleq |\omega - \Omega| \leqslant \sigma rk$,则在热力学极限的条件下,式(3.15)可变换为连续积分的形式,即

$$\begin{cases} r = \dfrac{1}{\langle k \rangle} \iint_{\Sigma} h(k, \omega) k \sqrt{1 - \left(\dfrac{\omega - \Omega}{\sigma kr}\right)^2} \, \mathrm{d}k \mathrm{d}\omega \\[4mm] \Omega = \iint_{\Sigma} h(k, \omega) \omega \mathrm{d}k \mathrm{d}\omega \end{cases} \tag{3.16}$$

其中,$h(k, \omega)$ 是度-频的联合分布,它们相互独立,即有 $h(k, \omega) = p(k)g(\omega)$。因此,式(3.16)可进一步写为

$$\begin{cases} r = \dfrac{1}{\langle k \rangle} \iint\limits_{\Sigma} p(k)g(\omega)k\,\sqrt{1 - \left(\dfrac{\omega - \Omega}{\sigma k r}\right)^2}\,\mathrm{d}k\,\mathrm{d}\omega \\[4mm] \Omega = \iint\limits_{\Sigma} p(k)g(\omega)\omega\mathrm{d}k\,\mathrm{d}\omega \end{cases} \tag{3.17}$$

其中,$p(k)$ 和 $g(\omega)$ 分别是已知的度分布和自然频率分布,最终推导得出了一个可解的自治方程组。

3.2.2 同步层构建

ZigBee 是采用 IEEE 802.15.4 标准的无线通信技术,其具有距离近、成本低、功耗小等特点。因此,非常适合构建由大量节点所组成的自组织网络。本设计基于 ZigBee 网络,建立一个基础构架,模拟复杂网络的各种网络模型,如规则网络、随机网络、小世界网络和无标度网络等。这个构架利用互操作平台和配置文件,方便快捷地构建起上述网络模型,并具有时间复杂度低和网络尺度可伸缩等优点。

软件设计的总体构架如图 3-3 所示,其中,主要包括上位机程序和 ZigBee 网络程序。首先,上位机程序根据各种复杂网络模型算法,生成网络结构的邻接矩阵,并依据邻接矩阵对配置帧的结构进行编码,得到体现网络结构中节点间相关关系的配置帧。其次,通过编写的串行通信程序,将配置帧结构下发给 ZigBee 网络协调器。ZigBee 网络程序根据配置帧进行信令的生成。信令在每一帧中为具有邻接关系的节点建立通信关系。最后,利用该通信关系,创建一个可以自由配置的复杂逻辑网络。该平台的具体功能实现,分为以下几个步骤。

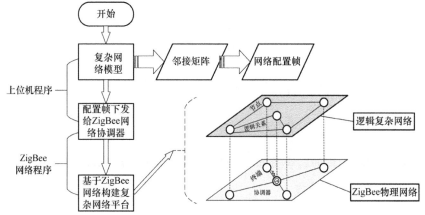

图 3-3　软件设计的总体构架

（1）将仿真器与终端节点以及协调器节点通过 USB-485 进行连接。然后，使用 IAR 打开程序，先进行程序编译，编译完成后，再进行程序的下载烧写。仿真器连接和程序下载过程如图 3-4 所示。

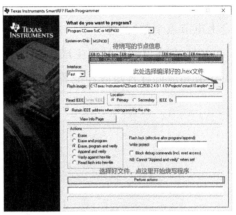

图 3-4　仿真器连接和程序下载过程

（2）终端节点以及协调器节点通过调试器的 USB-485 串行口连接至上位机。然后，在上位机上运行主程序。正确运行后的上位机主程序，会显示为"ZigBee 组网数据展示界面"的画面（图 3-5）。在主程序的界面上，正确配置指定的端口号和波特率，然后点击打开 UART 串口。通过串行通信，上位机与终端节点和协调器节点进行配置帧的发送，以及逻辑网络拓扑结构数据的采集。

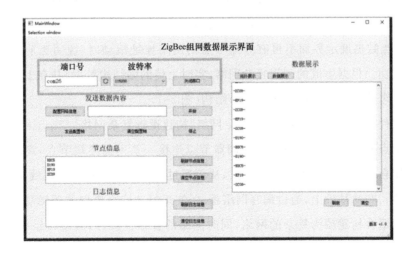

图 3-5　配置帧的下载

（3）图 3-5 显示，协调器节点与终端节点上电之后（注：协调器节点上电要早于终端节点上电），可以在数据展示界面上显示出当前所有终端节点的网络地址。同时，在节点信息区域，可查看当前协调器节点所收到的网络地址信息。根据协调器节点信息中每次显示的终端节点信息，判断终端节点个数。当终端节点个数符合上电节点个数时，进行下一步操作。

（4）在完成网络模型生成之后，点击右下角的完成配置标签按钮（图 3-6），即可生成相应的配置矩阵和配置帧结构。

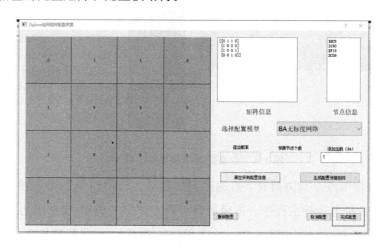

图 3-6　复杂网络的邻接矩阵及其配置帧结构的生成

（5）点击"发送配置帧"，将已经配置完成的网络模型借助协调器节点发送至每一个终端节点，从而实现逻辑复杂网络的构建，如图 3-5 所示。

（6）当数据展示界面不再有终端节点的网络地址滚动时，说明当前的网络模型配置成功。根据生成的逻辑复杂网络，实时上传网络结构数据，并在上位机的展示界面上可视化当前生成的逻辑拓扑结构（图 3-7）。

该软件实现依托于物理的 ZigBee 网络，构建逻辑复杂网络。ZigBee 网络包括协调器节点和大量的终端节点。协调器节点连接一系列的终端节点，终端节点也可以利用自身路由功能连接其他节点，从而通过多个层级实现大量无线 ZigBee 节点的连接。在此基础上，通过编写网络程序，实现复杂网络模型的逻辑功能。该种网络结构适合构建较为复杂的网络，同时网络的鲁棒性较好，具备自组织、自愈等功能。

上位机程序根据复杂网络模型，生成网络结构的邻接矩阵。然后，进行网络配置帧的编码。该种范式将物理网络与逻辑网络进行了分层操作,简化了物理网络的路由协议,并且对逻辑网络的生成起到了屏蔽作用,便于各种复杂网络的生成。逻辑网络与物理的 ZigBee 网络之间,通过配置帧结构进行交互,实现交互的透明性。因此,利用物理的 ZigBee 网络的路由组网能力,可以生成网络大小可任意伸缩的复杂网络平台。上位机程序使用的编程语言为 Python,该语言拥有诸多强大的基础库和第三方库,可用来实现各种复杂功能,方便后续的拓展。同时,上位机程序将各种功能制作成了图形化界面,可视化效果好,便于使用者进行复杂网络的构建。

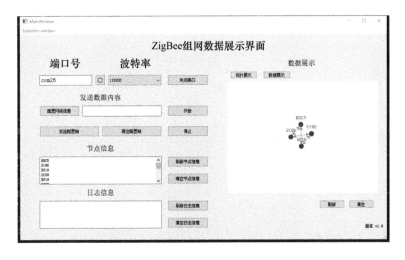

图 3-7　逻辑复杂网络的拓扑结构可视化

本 章 小 结

在本章中,我们详细介绍了两种同步模型,即时钟同步模型和非线性耦合相振子同步模型。时钟同步模型是一种基于统计参数估计的模型。其中,同步节点和参考节点通过时间信令的多次交互,估计它们之间的频率偏差和相位偏差。根据估计值,在线修改同步节点的软件时钟频率和相位。当相对频率偏差和相位偏差分别等于 1 和 0 时,同步节点与参考节点之间则实现了同步。该时钟同步模型表明,频率偏差主要影响同步的长期稳定性,而相位偏差决定了同步的精度。

非线性耦合相振子同步模型是利用复杂系统中振子间相互作用的机制,来实现时钟相位的同步。非线性耦合相振子同步模型及其解析推导结果均表明,它是一种非线性耦合的动力学过程。并且同步相变的动力学模式取决于系统的网络结构及其动力学参数的合理设置。与此同时,在理论解析的基础上,利用无线传感器网络的数据传输机制,构建了一个具有无标度特征的逻辑网络,称为同步层。

第 4 章

延时分布与测试

在无线传感器网络运行中,数据传输延时往往是不确定的。它对时钟同步设计具有重要的影响。本章首先对传输延时进行理论分析。在此基础上,建立延时分布概率模型。其次,进行实验测试和验证。

4.1　延 时 分 析

无线传感器网络的时钟同步,旨在通过时间信令的交互,利用统计模型估计节点间的频率偏差和相位偏差,来实现时钟同步。然而,在复杂无线传感器网络中,时间信令的传输延时不是确定的,而是随机的。为了提高频偏和相偏估计的准确性,首先我们需要对传输延时进行理论分析。

无线传感器网络是一个复杂的自组织网络,它的节点不仅是一个数据信息处理器,还是一个信息转发的路由器。节点的通信协议栈(图 4-1)自下而上包括:物理层、数据链路层、网络层、数据传输层、应用层。物理层是协议栈的最底层,它的数据传输单元是 bit。物理层利用无线电信号,为传感器节点之间建立、管理和释放物理连接,实现比特流的透明传输,并为数据链路层提供数据传输服务。数据链路层位于物理层的上一层,它在物理层提供比特流传输的基础上,通过建立数据链路连接,采用差错控制与流量控制方法,使有差错的无线信道变成无差错的数据链路。数据链路层的数据传输单元是帧。数据链路层的上一层是网络层,它的数据传输单元是分组。网络层通过路由选择算法,为分组选择适当的传输路径,实现路由功能。数据传输层介于网络层和应用层之间,它的数据传输单元称为数据报。

数据传输层为分布式进程通信,提供可靠的端到端的数据传输服务。应用层是协议栈的顶层,它负责利用端到端的数据传输层,实现应用程序之间的协同交互。

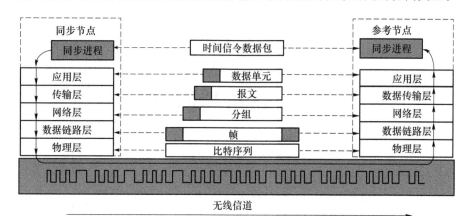

图 4-1　通信协议栈及时间信令的通信过程[53]

　　同步时间信令在节点间进行交互通信。通信过程如图 4-1 所示,在时间信令的发送端,发送过程被称为封装。而在接收端,接收过程则被称为解析。假设同步节点发送时间信令给参考节点。①同步节点调用协议栈的应用层软件,将信令数据封装上应用层报头,组成应用层的协议数据单元,通过接口传送到数据传输层。②数据传输层接收到数据单元后,将其封装上数据传输层的协议控制部分,形成数据传输层的报文,传送至网络层。③网络层在接收到报文后,将长报文划分为短的报文段。将报文段封装上本层的控制部分,构成了网络层的分组后,传送给下一层,即数据链路层。④数据链路层接收到分组后,按照协议封装成帧,发送给物理层。⑤物理层将数据帧按照一定的编码格式,以比特序列的形式,通过无线信道发送出去。

　　在接收端,当比特序列通过无线信道传输到参考节点时,信令数据将进行解析过程。接收到的数据从物理层开始,依次向上传递,一直到相应的应用层。每一层中,参考节点按照相应层的协议,进行数据单元控制部分的分析和载荷的提取。这一过程与同步节点的封装过程相反,所以被称为解析过程。通过以上数据传输过程的描述,我们得出两点结论。一方面,同步时间信令数据的交互,在协议栈中是分层处理的。发送端是逐层封装,而接收端是逐层解析。另一方面,时间信令数据在传输过程中是透明传输。也就是说,每一层协议的处理对象仅仅针对本层的协议控制部分,而对数据部分不做任何操作。显然,协议栈的分层处理均需要消耗时间,最终导致数据在传输过程中产生延时。

源节点产生的时间信令数据,经过传输过程,将会产生传输延时。如图 4-2 所示,传输延时主要由发送延时、接入延时、传送延时、传播延时、接收延时和接受延时构成。

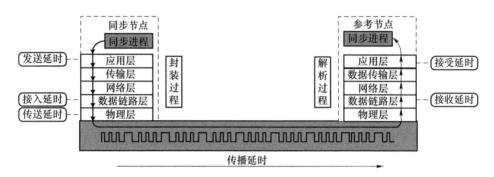

图 4-2 传输延时的构成[53]

发送延时是指源节点封装同步时间信令,并逐层传送至数据链路层所开启的时钟周期。时间信令在数据链路层时,为了避免在信道中与数据帧发生碰撞,发送前需要侦听信道是否处于空闲状态。如果信道空闲,则争用信道并将数据发送至信道中。这一避免碰撞和统计复用的接入机制,产生的时间称为接入延时。该接入延时显然具有不确定性,因为它很大程度上将受到当前信道空闲和网络负载状态的影响。传送延时是源节点将数据帧通过空中接口传送至信道中,所产生的延时。由于传送速率和发送的帧长度一定,所以传送延时是确定的。信令比特流发送至无线信道中,比特序列按照一定的编码形式通过无线电信号在自由空间中传播。目的节点与源节点的距离一定。在一般情况下,我们不考虑阻挡和多径效应的情形下,无线电信号以固定的速率传播。所以,信令的传播延时也是确定的。当信令信号到达目的节点后,宿节点接收数据帧并逐层传送至应用层,在应用层中处理数据,完成信令数据的分析和接收。期间,这两个处理过程均需要消耗时间,分别被称为接收延时和接受延时。

学者们[54-56]针对上述六个延时量进行了分析和总结(结果见表 4-1)。其中,三个延时量具有随机性,分别是发送延时、接入延时和接受延时。另外三个延时量具有确定性,分别是传送延时、传播延时和接收延时。除了上述六种延时,事实上,还存在一些其他的延时。其中,包括软件中断处理延时、编码和解码延时等。然而,这些延时往往很小,不失一般性可以忽略不计。因此,同步时间信令的整个传输延时近似等于上述六个延时量的总和。所以,我们将传输延时定义为一个随机变量。它对时钟同步的算法设计具有重要的影响。为此,在设计同步时钟算法之前,还需要建立传输延时的概率分布。

表 4-1 传输延时的分析和总结

延时类型	大小	随机性与确定性
发送延时	100 ms 以内	随机性,主要由处理器负载所决定
接收延时	100 ms 以内	随机性,主要由处理器负载所决定
接入延时	10～500 ms	随机性,主要由无线信道竞争所决定
传送延时	十几毫秒	确定性,主要由信息长度所决定
传播延时	300 m 范围以内小于微秒	确定性,主要由发送端到接收端的距离和传播介质的特性所决定
中断处理延时	通常小于 5 μs,可是最高能达到 30 μs	随机性,主要由处理器类型、当前处理器负载以及是否中断禁用所决定
编码和解码延时	一百多微秒	确定性,主要由信道的装置和芯片所决定
字节校准延时	400 μs 以内	确定性,可以计算

4.2 延时分布

在无线传感器网络时钟同步设计中,传输延时的分布模型及其数字特征具有重要的作用。前期,学者们[57-61]进行了大量的研究和实验测试,提出了许多具有针对性的分布模型,并应用于不同的网络时钟同步设计中。其中,典型的分布模型主要有指数分布和高斯分布。Moon 等通过在互联网上周期性地发送用户数据报协议(UDP)分组测试分布模型。发送的 UDP 数据报封装上序列编号和时间戳,且长度固定。示踪一段时间后,采集延时数据进行拟合处理。测试结果显示,延时分布近似于指数型分布。在同步算法设计中,学者们大量利用高斯分布进行统计参数估计。诸如,Ganeriwal 提出了一种基于双向信息交换机制的成对时间信令同步方法。该方法首先假定传输延时服从高斯分布,然后基于极大似然法估计出时钟偏差。同时,他还进行了实验测试。验证结果表明,随着时间戳信令消息的增加,基于高斯分布模型的统计估计值的精度要好于指数分布模型。另外,一种较为节能的时钟同步方法,即只有接收节点暴露于时间信令的信号中,利用这一机制实现时钟同步。在此方法中,传输延时也被建模为高斯分布,并且估计出了较精确的时钟相偏和频偏。综上,传输延时分布模型对于时钟同步算法精度和设计具有重要的影响。

如图 4-3 所示,在这里我们采用一种同步节点-参考节点的时间信令交互同步模型,测试传输延时分布。设定同步节点和参考节点连续不断地进行时间信令交互,并输出和记录交互的时间信令数据。这里,我们可定义第 i 次交互过程中,上行链路延时和下行链路延时分别为

$$
\begin{cases}
U_i \triangleq T_{2,i} - T_{1,i} \\
V_i \triangleq T_{4,i} - T_{3,i}
\end{cases}
\tag{4.1}
$$

根据式(3.5)和式(4.1)可变换为

$$
\begin{cases}
U_i = (f-1)T_{1,i} + \phi + \varepsilon_x \\
V_i = (1-f)T_{3,i} - \phi + \varepsilon_y
\end{cases}
\tag{4.2}
$$

其中,ε_x 和 ε_y 分别是上行链路和下行链路的传输延时,它们均属于随机变量。接下来,我们对其分布进行测试。

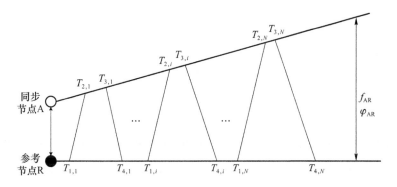

图 4-3   同步节点-参考节点的时间信令交互同步模型

4.3 延 时 测 试

根据上述同步节点-参考节点的时间信令交互同步模型,对传输延时的随机分布进行测试。首先,按照时间信令交互同步模型建立数据测试的工况环境。其次,

针对采集的时间信令数据进行延时概率分布测试并获得数字特征信息。最后,利用 Q-Q 统计进行验证。

4.3.1　实验工况

实验测试工况如图 4-4 所示。交互节点的通信协议采用 ZigBee 通信模块,它是一种在技术上较为成熟的物联网通信协议,频点为公用的 2.4 GHz。

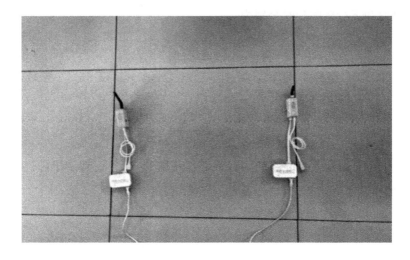

图 4-4　实验测试工况

实验测试工况中,协调器节点作为参考节点,终端节点作为同步节点。其中,协调器节点和终端节点的通信模块是相同的。如果模块被烧写的程序是协调器节点的协议栈,则该节点就是一个协调器节点;如果模块被烧写的程序是终端协议栈,则其成为终端节点。实际上,选择 ZigBee 通信模块,主要是考虑快速建立测试环境。在时间信令交互过程中,我们通过应用软件在信令数据中封装上本地工作时钟的时间戳,形成时间信令消息。

我们使用集成开发环境编写时间信令交互程序,并在协调器节点和终端节点的通信模块里分别下载相应的程序。图 4-5 是通过串行通信接口,采集时间信令消息数据的采样及记录图。采样时,协调器和终端节点之间的直线距离为 0.681 m,中间没有阻挡和干扰,主要是为了避免环境因素造成其他不确定延时。其中,信令采样频率为 1 Hz,ZigBee 协议设置为 CH25 信道。图 4-6 显示的是在实验室环境中,通过频谱分析仪实际测得的无线信道的中心频率和发射功率。其中,绿色三角形光标显示,CH25 信道的中心频率为 2.475 0 GHz,发射功率为 -0.71 dBm。

图 4-5   时间信令消息数据的采样及记录

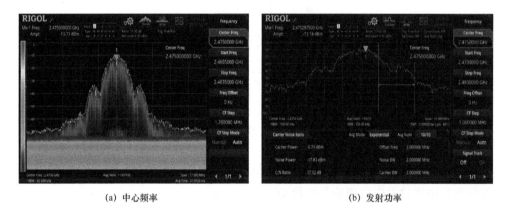

(a) 中心频率   (b) 发射功率

图 4-6   无线信道的中心频率和发射功率

4.3.2   检验方法

在实验测试数据的拟合中,我们采用了 Q-Q 图检验方法。它是一种通过域的转换实现统计检验的工具,可用于衡量传输延时的经验分布与模型分布的近似程度[62-63]。

给定一个随机变量 x，得到的观察数据集为 $\{x_i\}_{i=1}^N$。如果已知分布的一组参数 $\vec{\theta}$，则可确定其分布函数 $F(x;\vec{\theta})$。假设该数据集与分布模型接近，则理论上该数据集的经验分布将逼近理论分布模型。事实上，经验分布的分位数与理论分布的分位数近似相同。基于这一假设，构建直观的四分位数图像，称为 Q-Q 图。

Q-Q 图旨在显示理论分布的分位数与经验分布的分位数是否位于 45°直线上。其中，图像的横坐标表示理论分布的四分位数，而纵坐标表示经验分布的四分位数。在这个平面直角坐标系中，绘制两个四分位数组成的坐标点，观察这些散点是否位于 45°直线上。如果数据散点位于 45°直线上，则表明经验分布和预测的理论分布近似相同，从而得到了传输延时的分布模型。

假定检验一组测试数据 $\{x_i\}_{i=1}^N$ 是否来自正态分布 $F(x;\vec{\theta})$。Q-Q 图的检验计算步骤如下。

首先，将观测数据递增排序，例如，$x_1 \leqslant x_2 \leqslant \cdots \leqslant x_i \leqslant \cdots \leqslant x_N$。其次，计算数据集的算术平均值以及标准差，即

$$\begin{cases} \mu = \dfrac{\displaystyle\sum_{i=1}^N x_i}{N} \\ \sigma = \sqrt{\dfrac{\displaystyle\sum_{i=1}^N (x_i - \mu)^2}{N-1}} \end{cases} \tag{4.3}$$

则观测数据集的分位数，可计算为

$$Q_i = \frac{x_i - \mu}{\sigma} \tag{4.4}$$

其本质是某个观测值偏离均值的单位。接下来，通过计算 $t_i = (i-0.5)/N$，并在正态分布表中查找对应的理论分位数 Q_i'。

最后，将坐标点 (Q_i', Q_i) 绘制在笛卡尔坐标系中，观测坐标点在 45°直线上的分布。如果它们位于 45°直线上，则说明观测数据的分布与理论分布吻合。也就是说，$F(x;\vec{\theta})$ 服从正态分布，其数字特征也得到了确定。

通过 Q-Q 图检测观察数据的分布，其拟合优度可采用 Michael 拟合优度度量，其拟合优度统计量定义为

$$D_{sp} = \max\{|r_i - s_i| \,|\, i = 1, 2, \cdots, N\} \tag{4.5}$$

其中，$r_i = (2/\pi)\arcsin(t_i^{1/2})$，$s_i = (2/\pi)\arcsin(u_i^{1/2})$，$u_i = F[(x_i - \mu)/\sigma]$。通过 D_{sp} 可以在 Q-Q 图上，加 $100(1-\alpha)\%$ 的接受区间，接受区间的界限为

$$X = \mu + \sigma F^{-1} \{\arcsin[F^{1/2}(q_i)] \pm \pi/2 d_\alpha\} \tag{4.6}$$

其中，$q_i = F^{-1}(t_i)$，d_α 代表 D_{sp} 在显著性水平 α 处的界值。式(4.6)表明，如果 Q-Q 图中的所有散点都落在该区间之内，那么就可以认为在 α 水平上接受假设。

4.3.3　实验验证

在实验测试中，我们在相同实验工况条件下，进行了 10 组实验，每组实验采样 1 000 个时间信令点。

根据上、下行链路的时间模型 U_i 和 V_i，分别计算它们的随机延时统计量。然后，利用上述的 Q-Q 图检验方法，拟合得出传输延时的分布概率模型及其数字特征。

我们从 10 组数据中随机抽取三组实验结果，分别显示在图 4-7 中。三组 Q-Q 检验图显示，上行链路和下行链路的延时分布与正态分布吻合。也就是说，传输延时经理论分析和测试结果表明，其分布服从正态分布。同时，三组实验中上、下行链路的延时分布的均值 μ 和方差 σ^2 结果，见表 4-2。

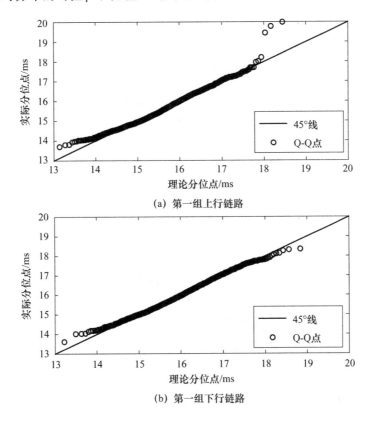

(a) 第一组上行链路

(b) 第一组下行链路

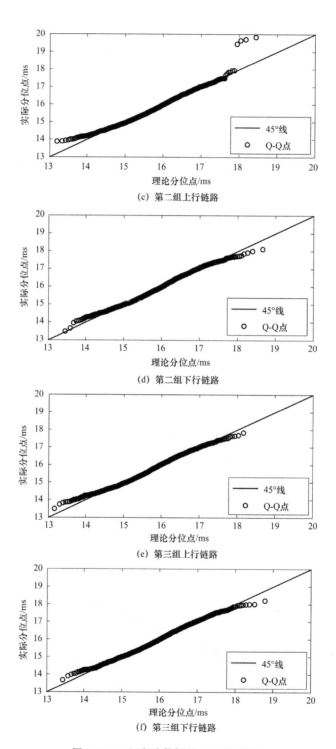

(c) 第二组上行链路

(d) 第二组下行链路

(e) 第三组上行链路

(f) 第三组下行链路

图 4-7　三组实验数据的 Q-Q 检验图

表 4-2　三组实验中上、下行链路的延时分布的均值和方差结果

组别	μ_x	μ_y	σ_x^2	σ_y^2
1	15.652	16.032	0.7158	0.7281
2	15.680	15.919	0.7013	0.6919
3	15.660	15.968	0.7089	0.7312

表 4-2 显示,三组实验中上、下行链路的传输延时的均值在 15 ms 左右。根据理论分析可知,它主要来源于确定延时。

另外,考虑到我们采集数据是在实验室环境中进行的,所以信道的干扰较小。延时中的随机部分将远小于固定部分,因此,测试结果显示,延时分布的方差较小。

本 章 小 结

传输延时的概率分布是时钟同步算法设计的基础。时钟同步算法利用时间信令的交互,统计估计同步节点与参考节点间的频偏和相偏。统计模型中参数估计的精确度取决于传输延时概率模型的正确性。

在本章中,我们基于无线通信协议栈,理论分析了传输延时的构成及其特点。我们分析总结得出,延时主要包含 6 个延时量。其中,传送延时、传播延时、接收延时属于确定部分,而其余三个延时属于随机部分。也就是说,传输延时可定义为一个随机变量。

基于这一结论,我们在实验室环境中,利用数据驱动的方法,对其进行了随机分布验证。在 10 组实验中,每组 1 000 个样本点的规模下,通过 Q-Q 图的检验方法,验证表明传输延时的概率分布服从一个正态分布其均值位于 15 ms 左右,方差为 0.7 左右。分析可知,由于实验室环境的干扰较小,所以其均值主要来源于确定延时,而随机延时部分相较于确定延时较小。

第 5 章

基于统计估计的时钟同步模型

针对无线传感器网络时钟同步,主要有三种统计估计的同步模型[7,61,64-68,69]。它们分别是同步节点-参考节点间的时间信令交互同步模型、侦听节点同步模型、仅接收节点同步模型。本章将围绕这些时钟同步模型,分别进行详细的阐述和实验验证。

5.1 时间信令交互同步模型

在图 5-1 时间信令交互同步模型中[64],同步节点和参考节点进行时间信令的交互,然后利用极大似然法估计同步节点相对于参考节点的频率偏差和相位偏差,补偿后实现同步。

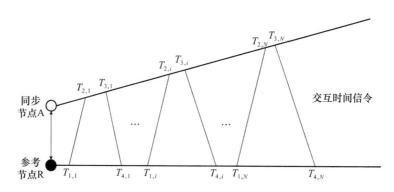

图 5-1 时间信令交互同步模型

图 5-1 显示,该时间信令交互同步模型的时间信令在同步节点 A 和参考节点

R 间是双向传输的。它们之间进行了 N 次信令交互。在第 i 次交互中,时间信令 $T_{1,i}$ 和 $T_{4,i}$ 由同步节点 A 的本地时钟测量,而 $T_{2,i}$ 和 $T_{3,i}$ 由参考节点 R 的本地时钟测量。节点 A 在时刻 $T_{1,i}$ 发送一个同步时间信令包给节点 R,同步时间信令中封装了本地时间戳 $T_{1,i}$ 的值。节点 R 在时刻 $T_{2,i}$ 接收到该时间信令数据包,接着在时刻 $T_{3,i}$ 发送一个确认信令数据包返回给节点 A,其中该确认信令数据包中包含了时间戳 $T_{1,i}$、$T_{2,i}$ 和 $T_{3,i}$ 的值。最后,节点 A 在时刻 $T_{4,i}$ 接收到该确认信令数据包,且在 $T_{4,i}$ 时刻接收到的确认信令数据包中完整地包含了时间信息($T_{1,i}$,$T_{2,i}$, $T_{3,i}$,$T_{4,i}$)。如此循环往复,时间信令交互 N 次。基于 N 次的时间交互信令,我们建立时钟同步的极大似然估计模型。

5.1.1　统计建模

在同步节点-参考节点的时间信令交互同步模型中,第 i 次交互的时间信令中,$T_{2,i}$ 和 $T_{3,i}$ 可分别表示为

$$\begin{cases} T_{2,i}=f(T_{1,i}+d+\varepsilon_x)+\varphi \\ T_{3,i}=f(T_{4,i}-d-\varepsilon_y)+\varphi \end{cases} \tag{5.1}$$

其中:f 和 φ 分别表示相对时钟频偏和相对时钟相偏;ε_x 和 ε_y 分别表示节点 A 和节点 R 之间的上行链路随机延时以及下行链路随机延时;d 为传输延时中的确定延时部分。

基于式(5.1),我们利用极大似然法,可得到关于 f 和 φ 的估计值 $\hat{f}$ 和 $\hat{\varphi}$。然后利用估计值进行同步节点的时钟补偿,从而实现同步节点和参考节点间的时钟同步。

根据第 4 章中的延时分布模型可知,式(5.1)中随机延时 ε_x 和 ε_y 服从均值为 μ,方差为 σ^2 的正态分布。考虑到在一般情形下,上、下行链路相互没有影响。

在这里,不失一般性,我们假定随机变量 ε_x 和 ε_y 属于独立同分布。在 N 次信令交互中,随机变量 ε_x 和 ε_y 的联合概率密度函数,则为

$$f_{\varepsilon_x,\varepsilon_y}(\varepsilon_x,\varepsilon_y)=(2\pi\sigma^2)^{-N}\exp\left\{-\frac{1}{2\sigma^2}\sum_{i=1}^{N}\left[\left(\frac{T_{2,i}-\varphi}{f}-T_{1,i}-d-\mu\right)^2+\right.\right.$$

$$\left.\left.\left(T_{4,i}-d-\frac{T_{3,i}-\varphi}{f}-\mu\right)^2\right]\right\} \tag{5.2}$$

这里,我们引入新的变量 $f'=1/f$。基于一组观测量 $\{T_{1,i},T_{2,i},T_{3,i},T_{4,i}\}_{i=1}^{N}$,根据

式(5.2)可得,关于参数$(\varphi,f',\mu,\sigma^2)$的似然函数,有

$$L(\varphi,f',\mu,\sigma^2) = (2\pi\sigma^2)^{-N}\exp[-\frac{1}{2\sigma^2}\sum_{i=1}^{N}\{[f'(T_{2,i}-\varphi)-(T_{1,i}+d-\mu)]^2 +$$

$$[f'(\varphi-T_{3,i})+(T_{4,i}-d-\mu)]^2\}] \tag{5.3}$$

方程两边取自然对数,然后对φ求导,可得

$$\frac{\partial\ln L(\varphi,f',\mu,\sigma^2)}{\partial\varphi} \tag{5.4}$$

$$=-\frac{1}{\sigma^2}\sum_{i=1}^{N}[f'^2(2\varphi-T_{2,i}-T_{3,i})+f'(T_{1,i}+T_{4,i}-2\mu)]$$

接着,令式(5.4)等于零。即可得到,相位偏差的似然估计值,形如

$$\hat{\varphi} = \frac{\sum_{i=1}^{N}[f'(T_{2,i}+T_{2,i})-(T_{1,i}+T_{4,i}-2\mu)]}{2Nf'} \tag{5.5}$$

同样地,对频偏f'求导,可得

$$\frac{\partial\ln L(\varphi,f',\mu,\sigma^2)}{\partial f'} \tag{5.6}$$

$$=-\frac{1}{\sigma}\{\sum_{i=1}^{N}f'[(T_{2,i}-\varphi)^2+(T_{3,i}-\varphi)^2]-$$

$$\sum_{i=1}^{N}[(T_{1,i}+d-\mu)(T_{2,i}-\varphi)+(T_{4,i}-d-\mu)(T_{3,i}-\varphi)]\}$$

根据极大似然法,求得的频偏估计值表达式为

$$\hat{f}' = \frac{\sum_{i=1}^{N}[(T_{1,i}+d-\mu)(T_{2,i}-\varphi)+(T_{4,i}-d-\mu)(T_{3,i}-\varphi)]}{\sum_{i=1}^{N}[(T_{2,i}-\varphi)^2+(T_{3,i}-\varphi)^2]} \tag{5.7}$$

经整理后,可得

$$\hat{f}' = \frac{\sum_{i=1}^{N}[(T_{2,i}-\varphi)^2+(T_{3,i}-\varphi)^2]}{\sum_{i=1}^{N}[(T_{1,i}+d-\mu)(T_{2,i}-\varphi)+(T_{4,i}-d-\mu)(T_{3,i}-\varphi)]} \tag{5.8}$$

联立式(5.5)和式(5.8),可得同步节点的时钟频偏以及相偏的估计值,分别为

$$\begin{cases} \hat{\varphi} = \dfrac{\displaystyle\sum_{i=1}^{N}(T_{1,i}+T_{4,i}-2\mu)\sum_{i=1}^{N}\left[(T_{2,i})^2+(T_{3,i})^2\right]-Q\sum_{i=1}^{N}(T_{2,i}+T_{3,i})}{\displaystyle\sum_{i=1}^{N}(T_{1,i}+T_{4,i}-2\mu)\sum_{i=1}^{N}(T_{2,i}+T_{3,i})-2NQ} \\[3em] \hat{f} = \dfrac{-2N\left\{\displaystyle\sum_{i=1}^{N}(T_{1,i}+T_{4,i}-2\mu)\sum_{i=1}^{N}\left[(T_{2,i})^2+(T_{3,i})^2\right]-Q\sum_{i=1}^{N}(T_{2,i}+T_{3,i})\right\}}{\displaystyle\sum_{i=1}^{N}(T_{1,i}+T_{4,i}-2\mu)\left[\sum_{i=1}^{N}(T_{1,i}+T_{4,i}-2\mu)\sum_{i=1}^{N}(T_{2,i}+T_{3,i})-2NQ\right]} \end{cases}$$

$$\tag{5.9}$$

其中,

$$Q = \sum_{i=1}^{N}\left[T_{1,i}T_{2,i}+T_{3,i}T_{4,i}+(T_{2,i}-T_{3,i})d-\mu(T_2+T_3)\right] \tag{5.10}$$

式(5.10)表明,因子 Q 的大小依赖于传输延时中的固定分量 d 以及随机延时部分的均值 μ。其中,确定延时 d 经延时分布已测定,大小约为 15 ms。而随机延时的均值 μ 近似为零。因此,同步节点相对于参考节点的频率偏差以及相位偏差的估计值均可确定。

5.1.2　模型验证

现在,我们通过实验测试,验证时间信令交互同步模型的有效性。其中,上行链路和下行链路的时间差,可分别写为

$$\begin{aligned} U_i &= T_{2,i}-T_{1,i} \\ &= f(T_{1,i}+d+\varepsilon_{x_i})+\varphi-T_{1,i} \\ &= (f-1)T_{1,i}+\varphi+f(d+\varepsilon_x) \end{aligned} \tag{5.11}$$

与

$$\begin{aligned} V_i &= T_{4,i}-T_{3,i} \\ &= T_{4,i}-f(T_{4,i}-d-\varepsilon_y)-\varphi \\ &= (1-f)T_{4,i}-\varphi+f(d+\varepsilon_y) \end{aligned} \tag{5.12}$$

其中,U_i 和 V_i 分别是模型中第 i 次时间信令交互中,在上行链路和下行链路上的时间差。如果模型能够实现同步,那么同步节点相对于参考节点的频率偏差接近于 1,而相位偏差接近于 0,即有 $f\approx1$,$\varphi\approx0$。进而,式(5.11)和式(5.12)变为

$$\begin{cases} U'_i = d + \varepsilon_x \\ V'_i = d + \varepsilon_y \end{cases} \tag{5.13}$$

式(5.13)表明,同步补偿后,随着时间的推移,上、下行链路的时间差将围绕数学期望 $d+E(\varepsilon_x)$ 和 $d+E(\varepsilon_y)$ 波动。其中,$E(\varepsilon_x)$ 和 $E(\varepsilon_y)$ 分别是上行链路和下行链路上随机延迟的均值。据前面的阐述,它们近似等于零。

为了比较同步补偿效果,首先在模型的工况中,对同步之前的上、下行链路的时间差进行采样。

实验中,设置同步节点与参考节点之间的相对时钟频偏 $f=2$,相偏 $\varphi \approx 0$。根据式(5.11)和式(5.12),理论上 U_i 和 V_i 的斜率分别为 $+1$ 和 -1。其中,采样频率为 1 Hz,采样大小 $N=100$ 个数据点,绘制的时间差曲线,如图 5-2 所示。接下来,对上行链路和下行链路的时间差的测试数据,分别进行曲线拟合。拟合曲线的斜率分别为 0.999 77 和 -1.000 97,它们与理论值之间相互吻合。

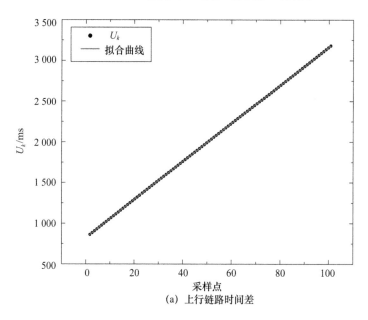

(a) 上行链路时间差

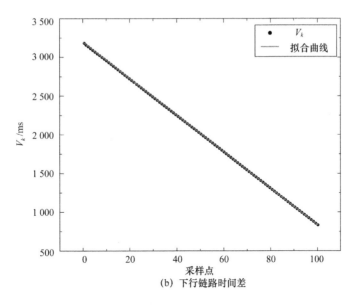

图 5-2　同步前,上、下行链路的时间差曲线

　　基于上述时间信令交互同步模型,在执行时钟同步补偿算法后,于相同的工况条件下,我们再次采样 100 个时间信令消息。图 5-3 显示,在时钟同步后,上行链路和下行链路的时间差均能够在固定水平线(为 15 ms)的周围波动。实验结果表明,同步之后的时间差与上述理论分析式(5.13)相互吻合,进而表明时间信令交互同步模型的理论预测是准确的。

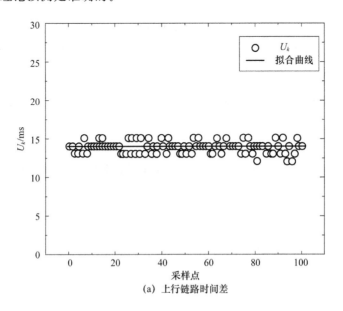

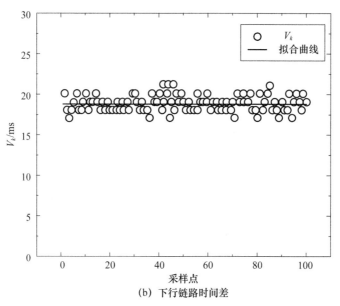

(b) 下行链路时间差

图 5-3　同步后,上、下行链路的时间差曲线

5.1.3　克拉美-罗下界

　　网络时钟同步统计模型的性能评价,目前一个典型的衡量方法称为克拉美-罗下界[7,70]。它给出了无偏估计量所能达到的最小均方误差,而且其方差与费舍尔信息矩阵的逆阵等价。

　　基于这一性质定理,我们可通过求解费舍尔信息矩阵 $I(\theta) \in \mathbb{R}^{2\times 2}$ 的逆,得到关于频率偏差和相位偏差所组成的参数向量空间 $\theta = [\varphi, f]^{\mathrm{T}}$ 的克拉美-罗下界。

　　首先,将式(5.1)写为

$$\begin{cases} \varepsilon_x = \dfrac{T_{2,i} - \varphi}{f} - T_{1,i} - d \\[2mm] \varepsilon_y = \dfrac{\varphi - T_{3,i}}{f} + T_{4,i} - d \end{cases} \tag{5.14}$$

　　其次,在信令交互 N 次后,上、下行链路中随机延时的联合概率密度可表示为

$$f_{\varepsilon_x, \varepsilon_y}(\varepsilon_x, \varepsilon_y)$$

$$= \left(\frac{1}{\sqrt{2\pi}\sigma}\right)^{2N} \exp\left[-\sum_{i=1}^{N} \frac{\left(\dfrac{T_{2,i} - \varphi}{f} - T_{1,i} - d\right)^2}{2\sigma^2} -\sum_{i=1}^{N} \frac{\left(T_{4,i} - d + \dfrac{\varphi - T_{3,i}}{f}\right)}{2\sigma^2} \right] \tag{5.15}$$

则其关于参量(φ, f', σ^2)的极大似然函数为

$$L(\varphi, f', \sigma^2) = (2\pi\sigma^2)^{-N} \exp\left(-\frac{1}{2\sigma^2} \sum_{i=1}^{N} \{[f'(T_{2,i} - \varphi) - (T_{1,i} + d)]^2 + \right.$$

$$\left. [f'(\varphi - T_{3,i}) + (T_{4,i} - d)]^2 \} \right) \tag{5.16}$$

其中,$f' = 1/f$。将式(5.16)的两边取自然对数,并计算关于φ的二阶导数,结果为

$$\frac{\partial^2 \ln L(\varphi, f', \sigma^2)}{\partial \varphi^2} = -\frac{2Nf'^2}{\sigma^2} \tag{5.17}$$

同样地,求对数似然函数关于f'的二阶导数,则有

$$\frac{\partial^2 \ln L(\varphi, f', \sigma^2)}{\partial f'^2} = -\frac{1}{\sigma^2} \sum_{i=1}^{N} [(T_{2,i} - \varphi)^2 + (T_{3,i} - \varphi)^2] \tag{5.18}$$

计算二阶混合偏导,有

$$\begin{cases} \dfrac{\partial \ln L(\varphi, f', \sigma^2)}{\partial \varphi \partial f'} = -\dfrac{1}{\sigma^2} \sum_{i=1}^{N} [2f'(2\varphi - T_{2,i} - T_{3,i}) + (T_{1,i} + T_{4,i})] \\[3mm] \dfrac{\partial \ln L(\varphi, f', \sigma^2)}{\partial f' \partial \varphi} = -\dfrac{1}{\sigma^2} \sum_{i=1}^{N} [2f'(2\varphi - T_{2,i} - T_{3,i}) + (T_{1,i} + T_{4,i})] \end{cases} \tag{5.19}$$

考虑到上、下行链路延时分布服从均值为零、方差为σ^2的正态分布,且它们独立同分布。

因而,我们对二阶导数和混合二阶导数,分别取负的期望值,可得

$$-E\left[\frac{\partial^2 \ln L(\varphi, f', \sigma^2)}{\partial \varphi^2}\right] = \frac{2Nf'^2}{\sigma^2} \tag{5.20}$$

$$-E\left[\frac{\partial^2 \ln L(\varphi, f', \sigma^2)}{\partial f'^2}\right] = \frac{1}{\sigma^2} \sum_{i=1}^{N} E[(T_{2,i} - \varphi)^2 + (T_{3,i} - \varphi)^2]$$

$$= \frac{1}{\sigma^2} \sum_{i=1}^{N} E\left[\frac{(\varepsilon_x + T_{1,i} + d)^2 + (\varepsilon_y - T_{4,i} + d)^2}{f'^2}\right]$$

$$\overset{(a)}{=} \frac{\sum_{i=1}^{N} [(T_{1,i} + d)^2 + (T_{4,i} - d)^2 + 2\sigma^2]}{\sigma^2 f'^2} \tag{5.21}$$

$$
\begin{aligned}
-E\left[\frac{\partial^2 \ln L(\varphi, f', \sigma^2)}{\partial \varphi f'}\right] &= -E\left[\frac{\partial^2 \ln L(\varphi, f', \sigma^2)}{\partial \varphi \partial f'}\right] \\
&= \frac{1}{\sigma^2}\sum_{i=1}^{N} E\{[2f'(2\varphi - T_{2,i} - T_{3,i}) + (T_{1,i} + T_{4,i})]\} \\
&= \frac{1}{\sigma^2}\sum_{i=1}^{N} E[2(\varepsilon_x - \varepsilon_y) - (T_{1,i} + T_{4,i})] \\
&\stackrel{(a)}{=} -\frac{N}{\sigma^2}(\overline{T}_1 + \overline{T}_4)
\end{aligned}
$$

$$(5.22)$$

$$
\begin{aligned}
-E\left[\frac{\partial^2 \ln L(\varphi, f', \sigma^2)}{\partial f'\varphi}\right] &= -E\left[\frac{\partial^2 \ln L(\varphi, f', \sigma^2)}{\partial f'\partial \varphi}\right] \\
&= \frac{1}{\sigma^2}\sum_{i=1}^{N} E\{[2f'(2\varphi - T_{2,i} - T_{3,i}) + (T_{1,i} + T_{4,i})]\} \\
&= \frac{1}{\sigma^2}\sum_{i=1}^{N} E[2(\varepsilon_x - \varepsilon_y) - (T_{1,i} + T_{4,i})] \\
&\stackrel{(a)}{=} -\frac{N}{\sigma^2}(\overline{T}_1 + \overline{T}_4)
\end{aligned}
$$

$$(5.23)$$

其中，$\overline{T}_1$ 和 $\overline{T}_4$ 分别是同步节点的本地时钟在 N 次交互中取得的算术平均值。而条件(a)可定义为

$$
\begin{cases}
\varepsilon_x = f'(T_{2,i} - d) - (T_{1,i} + d) \\
\varepsilon_y = f'(d - T_{3,i}) + (T_{4,i} - d)
\end{cases}
$$

$$(5.24)$$

因而，费舍尔信息矩阵可构造为

$$
\begin{aligned}
I(\theta) &= \begin{bmatrix} -E\left[\dfrac{\partial^2 \ln L(\varphi, f', \sigma^2)}{\partial \varphi^2}\right] & -E\left[\dfrac{\partial^2 \ln L(\varphi, f', \sigma^2)}{\partial \varphi \partial f'}\right] \\[2mm] -E\left[\dfrac{\partial^2 \ln L(\varphi, f', \sigma^2)}{\partial f'\partial \varphi}\right] & -E\left[\dfrac{\partial^2 \ln L(\varphi, f', \sigma^2)}{\partial f'^2}\right] \end{bmatrix} \\[4mm]
&= \frac{1}{\sigma^2}\begin{bmatrix} 2Nf'^2 & -N(\overline{T}_1 + \overline{T}_4) \\[3mm] -N(\overline{T}_1 + \overline{T}_4) & \dfrac{\displaystyle\sum_{i=1}^{N}[(T_{1,i} + d)^2 + (T_{4,i} - d)^2]}{f'^2} \end{bmatrix}
\end{aligned}
$$

$$(5.25)$$

 令

$$\begin{cases} V = \sum_{i=1}^{N} \left[(T_{1,i} + d)^2 + (T_{4,i} - d)^2 + 2\sigma^2 \right] \\ I^{-1}(\theta) = \sigma^2 \begin{bmatrix} a & c \\ b & d \end{bmatrix} \end{cases} \tag{5.26}$$

其中，(a,b,c,d) 是待定参数。由于

$$I(\theta) \cdot I^{-1}(\theta) = \begin{bmatrix} 1 & 0 \\ 0 & 1 \end{bmatrix} \tag{5.27}$$

将式(5.25)和式(5.26)，代入式(5.27)，则有

$$\frac{1}{\sigma^2} \begin{bmatrix} 2Nf'^2 & -N(\overline{T}_1 + \overline{T}_4) \\ -N(\overline{T}_1 + \overline{T}_4) & \dfrac{V}{f'^2} \end{bmatrix} \cdot \sigma^2 \begin{bmatrix} a & c \\ b & d \end{bmatrix} = \begin{bmatrix} 1 & 0 \\ 0 & 1 \end{bmatrix} \tag{5.28}$$

将矩阵展开后，可得代数方程为

$$\begin{cases} 2Nf'^2 a - N(\overline{T}_1 + \overline{T}_4)b = 1 \\ -N(\overline{T}_1 + \overline{T}_4)a + \dfrac{V}{f'^2}b = 0 \end{cases} \tag{5.29}$$

求解式(5.29)，得到

$$\begin{cases} a = \dfrac{V}{f'^2 \left[2VN - N^2 (\overline{T}_1 + \overline{T}_4)^2 \right]} \\ b = \dfrac{-(\overline{T}_1 + \overline{T}_4)}{2VN - N^2 (\overline{T}_1 + \overline{T}_4)^2} \end{cases} \tag{5.30}$$

同理，有

$$\begin{cases} 2Nf'^2 c - N(\overline{T}_1 + \overline{T}_4)d = 0 \\ -N(\overline{T}_1 + \overline{T}_4)c + \dfrac{V}{f'^2}d = 1 \end{cases} \tag{5.31}$$

求解，得

$$\begin{cases} c = \dfrac{-(\overline{T}_1 + \overline{T}_4)}{2VN - N^2 (\overline{T}_1 + \overline{T}_4)^2} \\ d = \dfrac{2f'^2}{2V - N (\overline{T}_1 + \overline{T}_4)^2} \end{cases} \tag{5.32}$$

将式(5.30)和式(5.32)代入式(5.26)中，则得到费舍尔矩阵的逆为

$$I^{-1}(\theta) = \sigma^2 \begin{bmatrix} \dfrac{V}{f'^2\left[2VN - N^2\,(\overline{T}_1 + \overline{T}_4)^2\right]} & \dfrac{-(\overline{T}_1 + \overline{T}_4)}{2VN - N^2\,(\overline{T}_1 + \overline{T}_4)^2} \\[4mm] \dfrac{-(\overline{T}_1 + \overline{T}_4)}{2VN - N^2\,(\overline{T}_1 + \overline{T}_4)^2} & \dfrac{2f'^2}{2VN - N\,(\overline{T}_1 + \overline{T}_4)^2} \end{bmatrix} \tag{5.33}$$

最后,在正态分布的随机延迟条件下,时钟同步算法估计的相位偏差和频率偏差的克拉美-罗下界分别为费舍尔信息矩阵的逆阵式(5.33)的主对角元,即有

$$\begin{cases} \mathrm{var}(\hat{\varphi}_{\mathrm{GML}}) \geqslant \dfrac{\sigma^2 f^2 V}{N\left[2V - N\,(\overline{T}_1 + \overline{T}_4)^2\right]} \\[4mm] \mathrm{var}(\hat{f}_{\mathrm{GML}}) \geqslant \dfrac{2\sigma^2 f^2}{2V - N\,(\overline{T}_1 + \overline{T}_4)^2} \end{cases} \tag{5.34}$$

式(5.34)表明,在频率偏差和相位偏差的参数估计中,如果估计值均方差越接近于克拉美-罗下界,则说明同步算法的预测性能越好。

5.1.4　估计值均方差

均方差是一种统计性能评估的常用指标[7,71],衡量模型预测值与实际观测值之间的差异程度。具体来说,均方差是预测值与真实值之差(即误差)的平方的平均值。其计算公式形如:

$$\mathrm{MSE} = \frac{1}{N}\sum_{i=1}^{N}(\mathrm{observed}_i - \mathrm{predicted}_i)^2 \tag{5.35}$$

其中,N 是观测样本数量,$\mathrm{observed}_i$ 表示第 i 个观测值(即真实值),$\mathrm{predicted}_i$ 表示第 i 个预测值(即模型给出的预测结果)。

均方差越小,则表明模型的预测值与实际观测值之间的差异越小。也就是说,模型的预测性能越好。均方差与均方根误差密切相关,均方根误差是均方差的平方根。均方根误差在数值上更直观,因为它与观测值的量纲一致,可以直接用来比较不同模型的预测性能。事实上,从评估模型预测性能的角度来看,均方差和均方根误差在本质上是相同的,只是度量尺度不同。

根据式(5.35),相位偏差的均方差可计算为

$$\mathrm{MSE}(\varphi) = \frac{1}{N}\sum_{i=1}^{N}(\hat{\varphi}_{\mathrm{GML}} - \varphi_{\text{真值}})^2 \tag{5.36}$$

将式(5.9)代入式(5.36),经整理后,可得

$$\mathrm{MSE}(\varphi) = \frac{1}{N} \sum_{i=1}^{N} \left[\frac{\sum_{i=1}^{N}(T_{1,i}+T_{4,i})\sum_{i=1}^{N}(T_{2,i}^2+T_{3,i}^2) - \sum_{i=1}^{N}(T_{2,i}+T_{3,i})Q}{\sum_{i=1}^{N}(T_{2,i}+T_{3,i})\sum_{i=1}^{N}(T_{1,i}+T_{4,i}) - 2NQ} - \varphi_{真值} \right]$$

(5.37)

其中

$$\begin{cases} Q = \sum_{i=1}^{N}\left[T_{1,i} \cdot T_{2,i} + T_{3,i} \cdot T_{4,i} + (T_{2,i}-T_{3,i})d \right] \\ \varphi_{真值} = \dfrac{U_i \text{ 的相偏} - V_i \text{ 的相偏}}{2} \end{cases}$$

(5.38)

同理,频率偏差的均方差为

$$\mathrm{MSE}(f) = \frac{1}{N} \sum_{i=1}^{N} \left(\hat{f}_{\mathrm{GML}} - f_{真值} \right)^2$$

(5.39)

将上式代入式(5.9),可得

$$\mathrm{MSE}(f) = \frac{1}{N} \sum_{i=1}^{N} \left[\frac{-2N\left[\sum_{i=1}^{N}(T_{1,i}+T_{4,i})\sum_{i=1}^{N}(T_{2,i}^2+T_{3,i}^2) - Q\sum_{i=1}^{N}(T_{2,i}-T_{3,i}) \right]}{\sum_{i=1}^{N}(T_{1,i}+T_{4,i})\left[\sum_{i=1}^{N}(T_{2,i}+T_{3,i})\sum_{i=1}^{N}(T_{1,i}+T_{4,i}) - 2NQ \right]} + \frac{\sum_{i=1}^{N}(T_{2,i}+T_{3,i})}{\sum_{i=1}^{N}(T_{1,i}+T_{4,i})} - f_{真值} \right]^2$$

(5.40)

其中,

$$\begin{cases} Q = \sum_{i=1}^{N}\left[T_{1,i} \cdot T_{2,i} + T_{3,i} \cdot T_{4,i} + (T_{2,i}-T_{3,i})d \right] \\ f_{真值} = \dfrac{f_{\mathrm{R}}}{f_{\mathrm{A}}} \end{cases}$$

(5.41)

在实验测试中,我们设置 $f_{真值}=1.024$。如图 5-4 所示,在延时分布服从正态分布的情形下,时间信令交互同步模型的时钟相位偏差和时钟频率偏差的均方差,随着观测量的增加将逐渐接近于克拉美-罗下界。这表明,该同步模型的参数估计(即频率偏差和相位偏差的预测)的性能指标是较好的。

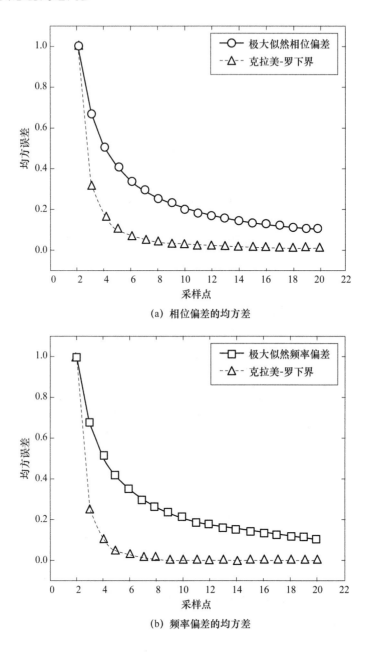

(a) 相位偏差的均方差

(b) 频率偏差的均方差

图 5-4 时间信令交互同步模型中，时钟相位偏差和
频率偏差的均方差

5.1.5 实验测试

基于时间信令交互同步模型,利用层次结构的想法[64],构建全局网络的同步模型。全局网络同步的层次化结构模型如图 5-5 所示,其主要包括两个阶段,分别为网络层次化构建阶段和时钟同步阶段。

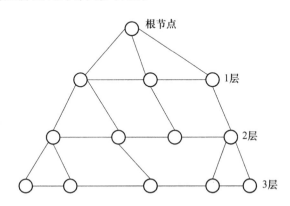

图 5-5 全局网络同步的层次化结构模型

第一阶段是网络层次化结构的构建。首先,随机定义一个根节点,将其作为第 0 层的节点。其次,根节点根据定义的编号信息,将其封装成数据包,进行信令数据包的扩散广播。当网络中有节点接收到该信令数据包后,对其进行解析并反馈确认消息,则形成第 1 层的节点。依此类推,信令消息包以"洪泛"的方式进行扩散,直至叶节点,扩散过程停止。最后,形成了层次化的网络拓扑结构。

第二阶段是时钟同步阶段。在层次化网络正常建立且开始工作后,首先根节点发起同步过程。它与其邻居节点基于时间信令交互同步模型,进行成对节点间的同步。此时根节点作为参考节点。

事实上,在层次化网络结构上的同步过程是一种递归过程。最终,网络中各个节点将趋同于根节点,形成以根节点时钟为参考时钟的全局同步运行模式。其中,全局网络同步的层次化结构模型要求局部具有较高的同步精度。针对这一问题,我们对时间信令交互同步模型的频率偏差以及相位偏差的预测准确性指标进行了测试。测试模型如图 5-6 所示。

测试时,在图 5-6 的第 k 次信令交互过程中,首先由终端节点 A 产生并发送包含时间戳 T_1^k 的时间信令。当协调器节点(即参考节点)R 收到该信令,则将本地时

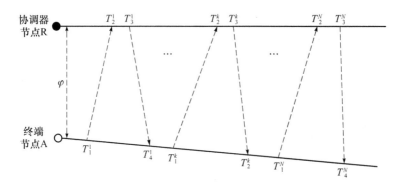

图 5-6　测试模型

间 T_2^k 进行封装。经过处理以及记录之后,再产生本地时间戳 T_3^k 的信令消息,并向终端节点 A 发送响应。该响应信令传输至终端节点 A 时,随即打上终端节点 A 的时间戳 T_4^k。

如此交互,便完成了一次时间信令的交互过程。图 5-6 中,T_2^k 和 T_3^k 可表示为

$$\begin{cases} T_2^k = (T_1^k + d + X_k)\omega + \varphi \\ T_3^k = (T_4^k - d - Y_k)\omega + \varphi \end{cases} \tag{5.42}$$

其中,φ 和 ω 分别表示终端节点 A 和参考节点 R 之间的相对时钟相位偏差和频率偏差,d 是传输延时中的确定延时部分,X_k 和 Y_k 则分别表示上行链路和下行链路的随机时延部分。

根据时间信令交互同步模型,我们可知,终端节点相对于参考节点的频率偏差和相位偏差的统计估计值,分别为

$$\begin{cases} \hat{\varphi} = \dfrac{\displaystyle\sum_{k=1}^{N}(T_1^k+T_4^k)\sum_{k=1}^{N}[(T_2^k)^2+(T_3^k)^2]-Q\sum_{k=1}^{N}(T_2^k+T_3^k)}{\displaystyle\sum_{k=1}^{N}(T_1^k+T_4^k)\sum_{k=1}^{N}(T_2^k+T_3^k)-2NQ} \\[4mm] \hat{\omega} = \dfrac{-2N\{\displaystyle\sum_{k=1}^{N}(T_1^k+T_4^k)\sum_{k=1}^{N}[(T_2^k)^2+(T_3^k)^2]-Q\sum_{k=1}^{N}(T_2^k+T_3^k)\}}{\displaystyle\sum_{k=1}^{N}(T_1^k+T_4^k)[\sum_{k=1}^{N}(T_1^k+T_4^k)\sum_{k=1}^{N}(T_2^k+T_3^k)-2NQ]}+\dfrac{\displaystyle\sum_{k=1}^{N}(T_2^k+T_3^k)}{\displaystyle\sum_{k=1}^{N}(T_1^k+T_4^k)} \end{cases} \tag{5.43}$$

其中,$Q \overset{\Delta}{=} \displaystyle\sum_{k=1}^{N}[T_1^k T_2^k + T_3^k T_4^k + (T_2^k - T_3^k)d]$。值得注意的是,当 $\hat{\omega}=1$ 时,相位偏差估计值可简化为

$$\hat{\varphi} = \frac{\overline{U} - \overline{V}}{2} \tag{5.44}$$

式(5.44)中,$\overline{U}$ 与 $\overline{V}$ 分别表示在 N 次交互中,上、下行链路的时间差的均值。

实验测试工况如图 5-7 所示,其中协调器节点 R 作为参考节点,终端节点 A 被设定为待同步的节点,它们相距为 3.0 m。

图 5-7　实验测试工况

对于协议栈的物理层,我们将 CH11 设置为信号传输的无线信道。如图 5-8 所示,无线信道的中心频率为 2.405 0 GHz,占用带宽为 2.687 498 MHz。

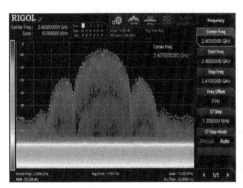

(a) 无线信道　　　　　　　　　　　(b) 占用带宽

图 5-8　无线信道的中心频率和占用带宽

在测试中,无线电信号的射频功率和接收灵敏度分别设置为 4.43 dBm 和 -93.70 dBm,如图 5-9 所示。

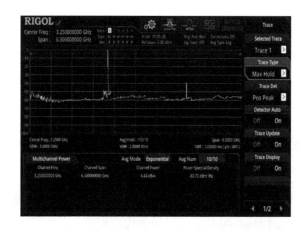

图 5-9　无线电信号的射频功率和接收灵敏度

在上述实验测试的工况条件下,基于时间信令交互同步模型,相邻节点间频率偏差和相位偏差的估计值的测试结果,见表 5-1。同步精度的测试结果显示,三组频率偏差的相对误差精度可达 10^{-6} 数量级,而相位偏差的相对误差可达 10^{-4} 数量级。其中,第三组的相位偏差的误差较大。分析其原因,可能是由于初始相位差设置较小,导致其相对误差的敏感性较强。

表 5-1　相邻节点间频率偏差和相位偏差的估计值的测试结果

组序号	ω	$\hat{\omega}$	φ/ms	$\hat{\varphi}/\text{ms}$	$\dfrac{\|\omega-\hat{\omega}\|}{\omega}$	$\dfrac{\|\varphi-\hat{\varphi}\|}{\varphi}$
I	1.024	1.024 004	296.375	296.514 455	3.91×10^{-6}	4.71×10^{-4}
II	1.024	1.024 002	254.055	254.027 972	1.95×10^{-6}	1.06×10^{-4}
III	1.024	1.024 003	5.233	5.500 219	2.93×10^{-6}	5.11×10^{-2}

采用全局网络同步的层次化结构模型具有一些特点,如下。

(1)可拓展性好。因为结构是树形结构,所以时间信令交互同步算法对加入和退出节点具有较好的协调性。

(2)计算复杂度低。层次结构使得同步算法迭代次数减少,运算量较小。

(3)抗蓄意攻击性弱。若蓄意攻击网络结构中的根节点,则容易造成同步失调,导致全局出现级联失效。

(4)能耗较高。由于该同步算法采用双向多次交互,所以传感器节点的数据传输次数增多,导致能耗较高。

5.2 侦听节点同步模型

不同于时间信令交互同步模型,侦听节点同步模型是一种基于节能而考虑的模型[7,72-74]。在侦听节点同步模型中,设置两个同步节点,称之为超节点。

5.2.1 侦听节点同步建模

超节点之间的同步,仍采用时间信令交互算法来实现。在超节点信号覆盖的区域内,首先,其他节点不再使用时间信令交互进行同步,而是不断地侦听两个超节点之间的信令交互消息。其次,利用获取到的时间信令消息,实现自身的时钟同步。最后,实现覆盖区域内网络的同步化。侦听节点同步模型可以减少同步消息的数量,也就是说,该同步模型具有节能的特性。

侦听节点同步模型与时间信令交互同步模型在节能方面的比较,见表 5-2。假定 N 是信令交互的次数,K 为网络尺度大小(即网络中无线传感器节点的数量)。表 5-2 中消息数量,可以作为同步模型算法中所消耗能量的度量指标。因此,我们可以根据表中消息数量的对比情况得知,这种侦听节点同步模型消耗能量的大小,不依赖于网络中传感器节点的数量。这说明,该模型能够节约能量,并且随着网络规模变得越大,其节能的优势越明显。于是,该模型相对于时间信令交互同步模型而言,在节能方面具有显著的优点。基于上述情况,倾听节点同步模型如图 5-10 所示。

表 5-2　在节能方面,侦听节点同步模型与时间信令交互同步模型的比较

模型	时间信令交互同步模型	侦听节点同步模型
消息数量	$2N(K-1)$	$2N$

在信号的覆盖区域中,网络有两个超节点,分别定义为超节点 A 和参考节点 R。它们通过时间信令交互进行彼此之间的同步。对于网络中的其他任意节点 B,作为侦听节点。它不断侦听参考节点 R 和超节点 A 之间的信令交互,然后利用侦听消息实现其自身的时钟同步。图 5-10(b)显示,在第 i 次信令交互过程中,超节

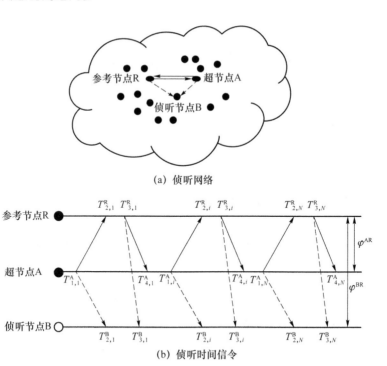

(a) 侦听网络

(b) 侦听时间信令

图 5-10　侦听节点同步模型[7]

点 A 首先发送一个同步分组给参考节点 R,同步分组中封装了时间戳 $T_{1,i}^{A}$ 的信息。其次,在时刻 $T_{2,i}^{R}$,参考节点 R 接收到这个分组,并在时刻 $T_{3,i}^{R}$ 发送一个确认分组给超节点 A,其中确认分组中包含了上述时间戳 $T_{1,i}^{A}$,$T_{2,i}^{R}$,$T_{3,i}^{R}$ 的信息。最后,超节点 A 在时刻 $T_{4,i}^{A}$ 收到该分组。

在超节点 A 和参考节点 R 的信令交互过程中,侦听节点 B 能够侦听到来自它们各自的时间信令消息。在该模型中,超节点同步到参考节点时,我们仍然使用极大似然法估计。而侦听节点同步于参考节点时,利用侦听到的时间信令消息,基于最小二乘法进行时钟相位偏差和时钟频率偏差的估计。

5.2.2　侦听节点同步算法

根据上述的侦听节点同步模型,超节点之间的同步过程通过执行时间信令的交互来实现。其中,在第 i 次时间信令交互中,有

$$\begin{cases} T_{2,i}^{R} = T_{1,i}^{A} + \varphi^{AR} + d^{AR} + \varepsilon_x \\ T_{3,i}^{R} = T_{4,i}^{A} + \varphi^{AR} - d^{AR} - \varepsilon_y \end{cases} \tag{5.45}$$

其中：φ^{AR} 表示超节点 A 和 R 的相对时钟相位偏差，ε_x 和 ε_y 分别是上行链路和下行链路的随机延迟，它们服从正态分布 $N(\mu, \delta^2)$，且独立同分布。则它们的概率密度可分别写为

$$\begin{cases} f(x) = \left(\dfrac{1}{\sqrt{2\pi}\delta}\right)^N \exp \sum_{i=1}^{N} \left[-\dfrac{(\varepsilon_x - \mu)^2}{2\delta^2} \right] \\ f(y) = \left(\dfrac{1}{\sqrt{2\pi}\delta}\right)^N \exp \sum_{i=1}^{N} \left[-\dfrac{(\varepsilon_y - \mu)^2}{2\delta^2} \right] \end{cases} \tag{5.46}$$

显然，它们的联合概率密度函数为

$$\begin{aligned} f_{\varepsilon_x, \varepsilon_y}(\varepsilon_x, \varepsilon_y) &= f(\varepsilon_x) f(\varepsilon_y) \\ &= \left(\dfrac{1}{\sqrt{2\pi}\delta}\right)^N \times \left(\dfrac{1}{\sqrt{2\pi}\delta}\right)^N \exp\left\{ -\dfrac{1}{\sqrt{2}\delta^2} \sum_{i=1}^{N} \left[(\varepsilon_x - \mu)^2 + (\varepsilon_y - \mu)^2 \right] \right\} \\ &= (2\pi\delta^2)^{-N} \exp\left\{ -\dfrac{1}{2\delta^2} \sum_{i=1}^{N} \left[(\varepsilon_x - \mu)^2 + (\varepsilon_y - \mu)^2 \right] \right\} \end{aligned}$$

$$\tag{5.47}$$

其中，

$$\begin{cases} \varepsilon_x = T_{2,i}^{\mathrm{R}} - T_{1,i}^{\mathrm{A}} - \varphi^{\mathrm{AR}} - d^{\mathrm{AR}} \\ \varepsilon_y = T_{4,i}^{\mathrm{A}} - T_{3,i}^{\mathrm{R}} + \varphi^{\mathrm{AR}} - d^{\mathrm{AR}} \end{cases} \tag{5.48}$$

将其代入式(5.47)中，得

$$\begin{aligned} f_{\varepsilon_x, \varepsilon_y}(\varepsilon_x, \varepsilon_y) = (2\pi\delta^2)^{-N} \exp\bigl(-\dfrac{1}{2\delta^2} \sum_{i=1}^{N} \bigl[(T_{2,i}^{\mathrm{R}} - T_{1,i}^{\mathrm{A}} - \varphi^{\mathrm{AR}} - d^{\mathrm{AR}} - \mu)^2 + \\ (T_{4,i}^{\mathrm{A}} - T_{3,i}^{\mathrm{R}} + \varphi^{\mathrm{AR}} - d^{\mathrm{AR}} - \mu)^2 \bigr] \bigr) \end{aligned} \tag{5.49}$$

令

$$\begin{cases} U = T_{2,i}^{\mathrm{R}} - T_{1,i}^{\mathrm{A}} \\ V = T_{4,i}^{\mathrm{A}} - T_{3,i}^{\mathrm{R}} \end{cases} \tag{5.50}$$

则，似然函数可写为

$$L(\varphi, \mu, \delta^2) = (2\pi\delta^2)^{-N} \exp\left(-\dfrac{1}{2\delta^2} \sum_{i=1}^{N} \left[(U - \varphi^{\mathrm{AR}} - d^{\mathrm{AR}} - \mu)^2 + (V + \varphi^{\mathrm{AR}} - d^{\mathrm{AR}} - \mu)^2 \right] \right)$$

$$\tag{5.51}$$

注意，这里的均值 $\mu \approx 0$。求对数似然函数关于相位偏差的导数，得

$$\dfrac{\partial \ln L}{\partial \varphi} = -\dfrac{1}{\delta^2}(2\varphi^{\mathrm{AR}} - U + V) \tag{5.52}$$

令其等于零，解得

$$\varphi^{AR} = \frac{U - V}{2} \tag{5.53}$$

利用平均延时观测量 $\overline{U}$ 和 $\overline{V}$，根据式(5.53)，我们即可求得超节点相对于参考节点的相位偏差。利用其补偿后，超节点即可同步于参考节点的时钟。与此同时，我们执行侦听节点的同步化。

由上述侦听节点同步模型可知，在超节点间的第 i 次交互过程中，得到时间关系如下：

$$\begin{cases} T_{2,i}^{R} = T_{1,i}^{A} + \varphi^{AR} + \omega^{AR}(T_{1,i}^{A} - T_{1,1}^{A}) + d^{AR} + \varepsilon_x^{AR} \\ T_{2,i}^{B} = T_{1,i}^{A} + \varphi^{AB} + \omega^{AB}(T_{1,i}^{A} - T_{1,1}^{A}) + d^{AB} + \varepsilon_y^{AB} \end{cases} \tag{5.54}$$

其中，ω^{AR} 表示超节点间的角频偏，φ^{AB} 和 ω^{AB} 分别表示侦听节点相对于超级终端节点的相位偏差和频率偏差，d^{AR} 和 ε_x^{AR} 分别表示超节点间的传输延时的确定部分和随机部分，d^{AB} 和 ε_y^{AB} 分别表示超级终端节点到侦听节点的确定传输延时和随机传输延时。注意，随机传输延时服从均值为零的正态分布，且独立同分布。

将式(5.54)中的两个方程作差，可得

$$T_{2,i}^{R} - T_{2,i}^{B} = \varphi^{BR} + \omega^{BR}(T_{1,i}^{A} - T_{1,1}^{A}) + d^{AR} - d^{AB} + \varepsilon_{x_i}^{AR} - \varepsilon_{y_i}^{AB} \tag{5.55}$$

令

$$\begin{cases} Z_i = \varepsilon_x^{AR} - \varepsilon_y^{AB} \\ \mu = d^{AR} - d^{AB} \\ D_i = T_{2,i}^{R} - T_{2,i}^{B} - \mu \\ T_i = T_{1,i}^{A} - T_{1,1}^{A} \end{cases} \tag{5.56}$$

用式(5.56)替换式(5.55)，可简化为

$$D_i = \varphi^{BR} + T_i \omega^{BR} + Z_i \tag{5.57}$$

定义

$$\begin{cases} \boldsymbol{\alpha} = [\varphi^{BR} \ \omega^{BR}]^T \\ \boldsymbol{H} = \begin{bmatrix} 1 & T_1 \\ \vdots & \vdots \\ 1 & T_N \end{bmatrix} \end{cases} \tag{5.58}$$

考虑 N 次时间信令，利用式(5.57)和式(5.58)，可写成简洁的矩阵形式，形如

$$\boldsymbol{D} = \boldsymbol{H}\boldsymbol{\alpha} + \boldsymbol{Z} \tag{5.59}$$

注意，这里的 $\boldsymbol{Z}$ 是随机延时差值组成的向量。我们取其范数的平方进行内积运算，

同时将因式乘积展开,有

$$
\begin{aligned}
\| \boldsymbol{Z} \|^2 &= \| \boldsymbol{D} - \boldsymbol{H}\boldsymbol{\alpha} \|^2 \\
&= \langle \boldsymbol{D} - \boldsymbol{H}\boldsymbol{\alpha}, \boldsymbol{H}\boldsymbol{\alpha} - \boldsymbol{D} \rangle \\
&= (\boldsymbol{D} - \boldsymbol{H}\boldsymbol{\alpha})^{\mathrm{T}} (\boldsymbol{H}\boldsymbol{\alpha} - \boldsymbol{D}) \\
&= (\boldsymbol{D}^{\mathrm{T}} - \boldsymbol{\alpha}^{\mathrm{T}}\boldsymbol{H}^{\mathrm{T}})(\boldsymbol{H}\boldsymbol{\alpha} - \boldsymbol{D}) \\
&= \boldsymbol{D}^{\mathrm{T}}\boldsymbol{H}\boldsymbol{\alpha} - \boldsymbol{D}^{\mathrm{T}}\boldsymbol{D} - \boldsymbol{\alpha}^{\mathrm{T}}\boldsymbol{H}^{\mathrm{T}}\boldsymbol{H}\boldsymbol{\alpha} + \boldsymbol{\alpha}^{\mathrm{T}}\boldsymbol{H}^{\mathrm{T}}\boldsymbol{D}
\end{aligned} \tag{5.60}
$$

为了使误差项极小,式(5.60)的两边取关于向量 $\boldsymbol{\alpha}$ 的雅可比矩阵,有

$$
\begin{aligned}
\frac{\partial \| \boldsymbol{Z} \|^2}{\partial \boldsymbol{\alpha}} &= \boldsymbol{H}^{\mathrm{T}}\boldsymbol{D} - [\boldsymbol{H}^{\mathrm{T}}\boldsymbol{H}\boldsymbol{\alpha} + (\boldsymbol{H}^{\mathrm{T}}\boldsymbol{H})^{\mathrm{T}}\boldsymbol{\alpha}] + \boldsymbol{H}^{\mathrm{T}}\boldsymbol{D} \\
&= 2\boldsymbol{H}^{\mathrm{T}}\boldsymbol{D} - (\boldsymbol{H}^{\mathrm{T}}\boldsymbol{H}\boldsymbol{\alpha} + \boldsymbol{H}^{\mathrm{T}}\boldsymbol{H}\boldsymbol{\alpha}) \\
&= 2\boldsymbol{H}^{\mathrm{T}}\boldsymbol{D} - 2\boldsymbol{H}^{\mathrm{T}}\boldsymbol{H}\boldsymbol{\alpha}
\end{aligned} \tag{5.61}
$$

令式(5.61)的右边为零,则有

$$
\boldsymbol{\alpha} = (\boldsymbol{H}^{\mathrm{T}}\boldsymbol{H})^{-1}\boldsymbol{H}^{\mathrm{T}}\boldsymbol{D} \tag{5.62}
$$

其中,

$$
\begin{aligned}
\boldsymbol{H}^{\mathrm{T}}\boldsymbol{H} &= \begin{bmatrix} 1 & \cdots & 1 \\ T_1 & \cdots & T_N \end{bmatrix} \begin{bmatrix} 1 & T_1 \\ \vdots & \vdots \\ 1 & T_N \end{bmatrix} \\
&= \begin{bmatrix} N & \sum\limits_{i=1}^{N} T_i \\ \sum\limits_{i=1}^{N} T_i & \sum\limits_{i=1}^{N} T_i^2 \end{bmatrix}
\end{aligned} \tag{5.63}
$$

对其取逆,可得

$$
\begin{aligned}
(\boldsymbol{H}^{\mathrm{T}}\boldsymbol{H})^{-1} &= \frac{1}{|\boldsymbol{H}^{\mathrm{T}}\boldsymbol{H}|} (\boldsymbol{H}^{\mathrm{T}}\boldsymbol{H})^{*} \\
&= \frac{1}{N\sum\limits_{i=1}^{N} T_i^2 - \left(\sum\limits_{i=1}^{N} T_i\right)^2} \begin{bmatrix} \sum\limits_{i=1}^{N} T_i^2 & -\sum\limits_{i=1}^{N} T_i \\ -\sum\limits_{i=1}^{N} T_i & N \end{bmatrix}
\end{aligned} \tag{5.64}
$$

将其代入式(5.62)中,可得

$$\boldsymbol{\alpha} = (\boldsymbol{H}^{\mathrm{T}}\boldsymbol{H})^{-1}\boldsymbol{H}^{\mathrm{T}}\boldsymbol{D}$$

$$= \frac{1}{N\sum\limits_{i=1}^{N}T_i^2 - \left(\sum\limits_{i=1}^{N}T_i\right)^2}\begin{bmatrix}\sum\limits_{i=1}^{N}T_i^2 & -\sum\limits_{i=1}^{N}T_i \\ -\sum\limits_{i=1}^{N}T_i & N\end{bmatrix}\begin{bmatrix}1 & \cdots & 1 \\ T_1 & \cdots & T_N\end{bmatrix}D_i$$

$$= \frac{1}{N\sum\limits_{i=1}^{N}T_i^2 - \left(\sum\limits_{i=1}^{N}T_i\right)^2}\begin{bmatrix}\sum\limits_{i=1}^{N}D_i\sum\limits_{i=1}^{N}T_i^2 - \sum\limits_{i=1}^{N}T_i\sum\limits_{i=1}^{N}T_iD_i \\ \\ N\sum\limits_{i=1}^{N}T_iD_i - \sum\limits_{i=1}^{N}T_i\sum\limits_{i=1}^{N}D_i\end{bmatrix}$$

$$(5.65)$$

由此可知,侦听节点相对于参考节点的相位偏差和频率偏差的估计值,分别为

$$\begin{cases}\hat{\varphi}^{\mathrm{BR}} = \dfrac{\sum\limits_{i=1}^{N}D_i\sum\limits_{i=1}^{N}T_i^2 - \sum\limits_{i=1}^{N}T_i\sum\limits_{i=1}^{N}T_iD_i}{N\sum\limits_{i=1}^{N}T_i^2 - \left(\sum\limits_{i=1}^{N}T_i\right)^2} \\ \\ \hat{\omega}^{\mathrm{BR}} = \dfrac{N\sum\limits_{i=1}^{N}T_iD_i - \sum\limits_{i=1}^{N}T_i\sum\limits_{i=1}^{N}D_i}{N\sum\limits_{i=1}^{N}T_i^2 - \left(\sum\limits_{i=1}^{N}T_i\right)^2}\end{cases} \qquad (5.66)$$

5.3 仅接收节点同步模型

仅接收节点同步模型是另一种网络全局同步模型。该模型在网络中随机设置一个广播节点,称之为父节点。网络中其他任意节点,利用接收到的父节点的广播信息,彼此之间实现同步[7,75-79]。

5.3.1 仅接收节点同步建模

仅接收节点同步模型,如图 5-11 所示。首先,我们设置一个广播节点,其在同步周期内,多次以广播方式发送时间信令消息。在广播节点的每次发送过程中,信号覆盖区域内的任意节点将收到该消息。其次,接收到广播消息的相邻节点,进行

一次往返的时间信令交互。交互中,彼此记录信令中的时间信息。最后,基于这些时间信息,实现同步算法。下面将详细描述其工作原理。

当父节点在第 i 次发送信令时,到达节点 A 处的时刻,可表示为

$$T_{2,i}^{A} = T_{1,i} + d^{RA} + \varepsilon_{x}^{RA} + \varphi^{RA} + \omega^{RA}(T_{1,i} - T_{1,1}) \tag{5.67}$$

其中,$T_{1,i}$ 是父节点发送的时间信息,d^{RA} 和 ε_{x}^{RA} 分别是父节点与接收节点 A 之间的固定传输延时和随机传输延时。类似地,到达节点 B 处的时刻,记录为

$$T_{2,i}^{B} = T_{1,i} + d^{RB} + \varepsilon_{x}^{RB} + \varphi^{RB} + \omega^{RB}(T_{1,i} - T_{1,1}) \tag{5.68}$$

基于上述的记录时间信息以及相邻节点 A 和 B 之间往返的交互信息,估计它们的频偏和相偏,进而实现同步。

该同步模型的优点是,由于同步算法中可以抵消随机延时部分,因而在一定程度上能够提高同步精度。然而,它仅适用于尺度较小的网络。由于其逐一同步的特性,当网络中节点较多时,信令交互次数会变得频繁,从而导致同步能量消耗增大。

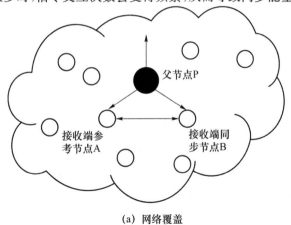

(a) 网络覆盖

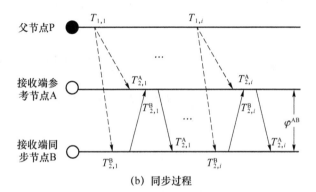

(b) 同步过程

图 5-11　仅接收节点同步模型[7]

5.3.2 仅接收节点同步算法

依据上述仅接收节点同步模型,我们现在设计频率偏差和相位偏差的估计算法。

首先,将式(5.67)与式(5.68)的两边作差,可得

$$T_{2,i}^{A} - T_{2,i}^{B} = \varphi^{(BA)} + \omega^{(BA)}(T_{1,i} - T_{1,1}) + d^{(RA)} - d^{(RB)} + \varepsilon_i^{(RA)} - \varepsilon_i^{(RB)} \quad (5.69)$$

其中,$\varepsilon_i^{(RA)}$ 和 $\varepsilon_i^{(RB)}$ 分别是服从 $N(\mu, \sigma^2)$ 的随机时延,且独立同分布。我们引入一组新的随机变量为

$$\begin{cases} D_i = T_{2,i}^{A} - T_{2,i}^{B} - \mu' \\ \varepsilon_i = \varepsilon_i^{(RA)} - \varepsilon_i^{(RB)} \\ \mu' = d^{(RA)} - d^{(RB)} \end{cases} \quad (5.70)$$

对于一组观测值而言,式(5.69)可用矩阵的形式,记为

$$D = H\theta + \varepsilon \quad (5.71)$$

其中,

$$\begin{cases} \theta = [\varphi^{(BA)}, \omega^{(BA)}]^{T} \\ H = \begin{bmatrix} 1 & 1 & \cdots & 1 \\ 0 & T_{1,2} - T_{1,1} & \cdots & T_{1,N} - T_{1,1} \end{bmatrix}^{T} \end{cases} \quad (5.72)$$

注意,噪声向量 $\varepsilon \sim N(0, \sigma^2 I)$,这里的 I 表示单位阵。

假设相位偏差和频率偏差的最小方差无偏估计[77]为 $\hat{\theta} = g(D)$,其中,$g(D)$ 满足

$$\frac{\partial \ln L(D;\theta)}{\partial \theta} = I(\theta)(g(D) - \theta) \quad (5.73)$$

其中,$L(D;\theta)$ 表示似然函数。关于相位偏差和频率偏差的参数向量,对似然函数求导,可得

$$\frac{\partial \ln L(D;\theta)}{\partial \theta} = \frac{\partial}{\partial \theta} \left[-\ln(2\pi\sigma^2)^{\frac{N}{2}} - \frac{1}{2\sigma^2}(D - H\theta)^{T}(D - H\theta) \right]$$

$$= -\frac{1}{2\sigma^2} \frac{\partial}{\partial \theta} [D^{T}D - 2D^{T}H\theta + \theta^{T}H^{T}H\theta] \quad (5.74)$$

根据以下恒等式

$$\begin{cases} \dfrac{\partial D^{T}\theta}{\partial \theta} = D \\ \dfrac{\partial \theta^{T}H^{T}H\theta}{\partial \theta} = 2H^{T}H\theta \end{cases} \quad (5.75)$$

所以,通过式(5.74)计算,可得

$$\frac{\partial \ln L(\boldsymbol{D};\boldsymbol{\theta})}{\partial \boldsymbol{\theta}} = \frac{1}{\sigma^2}\left[\boldsymbol{H}^{\mathrm{T}}\boldsymbol{D} - \boldsymbol{H}^{\mathrm{T}}\boldsymbol{H}\boldsymbol{\theta}\right] \tag{5.76}$$

$$= \frac{\boldsymbol{H}^{\mathrm{T}}\boldsymbol{H}}{\sigma^2}\left[(\boldsymbol{H}^{\mathrm{T}}\boldsymbol{H})^{-1}\boldsymbol{H}^{\mathrm{T}}\boldsymbol{D} - \boldsymbol{\theta}\right]$$

与式(5.73)相比较,可有

$$\begin{cases} \hat{\boldsymbol{\theta}} = (\boldsymbol{H}^{\mathrm{T}}\boldsymbol{H})^{-1}\boldsymbol{H}^{\mathrm{T}}\boldsymbol{D} \\ \boldsymbol{I}(\boldsymbol{\theta}) = \dfrac{\boldsymbol{H}^{\mathrm{T}}\boldsymbol{H}}{\sigma^2} \end{cases} \tag{5.77}$$

其中,$\boldsymbol{I}(\boldsymbol{\theta})$恰为费舍尔信息矩阵。将观测量代入式(5.77),即可得到相位偏差和频率偏差的估计值。

5.3.3 实验测试

实验测试环境如图 5-12 所示,其他实验条件与 5.1.5 节一致。其中,P 为父节点,A 为参考节点,B 为待同步节点。

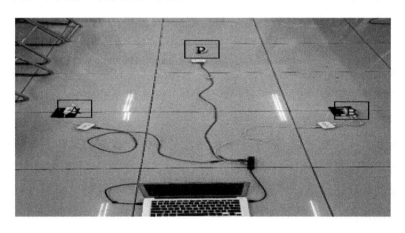

图 5-12 实验测试环境

根据上述仅接收节点同步模型及其算法,在图 5-12 的测试环境中,我们对相位偏差和频率偏差进行了三组实验测试。仅接收节点同步模型的实验测试结果见表 5-3,ω 为同步节点 B 相对于参考节点 A 的频偏,φ 为同步节点 B 相对于参考节点 A 的初始相位偏差,而 $\hat{\omega}$ 和 $\hat{\varphi}$ 则分别为 ω 和 φ 的估计值。

测试结果显示,三组频率偏移的相对误差分别为 4.32×10^{-5}、9.59×10^{-6} 和

1.98×10^{-5}，误差量级可达 10^{-5}。另外，三组测试的相位偏差的相对误差分别为 1.08×10^{-4}、7.28×10^{-5} 和 1.83×10^{-3}，误差的数量级为 10^{-4}。综上，实验测试结果表明，仅接收节点同步模型具有较高的同步精度。

表 5-3　仅接收节点同步模型的实验测试结果

组序号	ω	$\hat{\omega}$	φ/ms	$\hat{\varphi}/\mathrm{ms}$	$\dfrac{\|\omega - \hat{\omega}\|}{\omega}$	$\dfrac{\|\varphi - \hat{\varphi}\|}{\varphi}$
I	1.024	1.024 044 27	82.000	82.008 900 47	4.32×10^{-5}	1.08×10^{-4}
II	1.024	1.023 990 17	108.379	108.386 893 4	9.59×10^{-6}	7.28×10^{-5}
III	1.024	1.024 020 313	97.937	97.758 015 02	1.98×10^{-5}	1.83×10^{-3}

本 章 小 结

本章针对三种同步模型，即时间信令交互同步模型、侦听节点同步模型、仅接收节点同步模型，分别进行了详细的阐述和实验测试。其中，时间信令交互同步模型结构简单，其层次化设计使得算法复杂度降低，其同步精度可以达到 10^{-4} 的数量级。同时，我们对其进行了克拉美-罗下界分析，并进行了均方差测试。研究和测试结果表明，随着采样数据的增加，也就是信令交互次数增加，其算法结果的均方差可无限接近于克拉美-罗下界。然而，由于提高精度的同时，会使得算法中交互更多的数据包，最终导致能耗增加。

侦听节点同步模型是一种基于节能考虑的时钟同步模型。在其算法设计中，随机设置了两个超节点，它们相互传递时间信令。与此同时，信号覆盖区域内的其他节点不断侦听并记录超节点间发送的信令时间信息，利用这一机制，侦听节点实现自身的同步。

仅接收节点同步模型是另一种同步模型。算法研究发现，它可以抵消传输延时中的随机分量。因此，其同步精度能够达到 10^{-5} 量级，较时间信令交互同步模型提高了一个数量级。但是，由于其具有逐一同步终端节点的性质，所以它仅适用于小型无线传感器网络的同步化。

第6章

基于贝叶斯理论的时钟同步优化

时间信令交互同步模型和仅接收节点同步模型具有较高的同步精度,然而它们的能耗都较大。为了节约能量,本章将对上述两种模型进行优化[69]。首先,我们提出一种基于贝叶斯理论的同步机制,它利用贝叶斯理论的后验概率的性质,实现小样本统计。其次,优化时间信令交互同步模型和仅接收节点同步模型。最后,实现节能的目的。下面我们将逐一进行详细的阐述。

6.1　贝叶斯理论

贝叶斯理论是一种不同于频率统计概率理论的方法。它的核心是贝叶斯公式,将后验概率与先验概率直接联系在一起。利用这一联系,根据当前时刻的实验数据,计算后验概率并更新先验概率。经过反复迭代,推断近似真实的同步参数[81-85]。贝叶斯公式如下:

$$P(\theta|X) = \frac{P(X|\theta)P(\theta)}{P(X)} \tag{6.1}$$

其中,θ是同步参数的估计,它依赖于当前的实验数据。我们的目的是,通过迭代更新,提取出概率最大的同步参数。X表示采样证据,即实验数据,不同于频率统计。事实上,频率统计是使用这些采样数据计算先验概率。$P(\theta)$是一种先验概率,它是在观察到证据之前,对同步参数发生的一种可能性假设。$P(\theta|X)$是后验概率,它是一个条件概率,即给定采样证据,同步参数发生的概率。同样地,$P(X|\theta)$也是一个条件概率,是指参量θ确定时,观测到实验证据的可能性大小。$P(X)$的概率值

保证了贝叶斯公式的概率归一化。

假定实验数据(即观测量)服从高斯分布 $x \sim N(\theta, \sigma^2)$，其中 θ 未知，而 σ^2 已知，那么有 $P(x|\theta) \sim N(\theta, \sigma^2)$。另外，假定 θ 的先验分布也是高斯分布，即 $\theta \sim N(\mu_\theta, \sigma_\theta^2)$，其中，$\mu_\theta$ 和 σ_θ^2 均为已知量。则其概率密度函数为

$$
\begin{cases}
P(\theta) = \left(\dfrac{1}{\sqrt{2\pi\sigma_\theta^2}}\right)\exp\left[-\dfrac{1}{2\sigma_\theta^2}(\theta-\mu_\theta)^2\right] \\[3mm]
P(X\mid\theta) = \dfrac{1}{(2\pi\sigma^2)^{\frac{N}{2}}}\exp\left[-\dfrac{1}{2\sigma^2}\sum_{n=0}^{N-1}(x[n]-\theta)^2\right] \\[3mm]
\qquad\quad = \dfrac{1}{(2\pi\sigma^2)^{\frac{N}{2}}}\exp\left[-\dfrac{1}{2\sigma^2}\sum_{n=0}^{N-1}x^2[n]\right]\exp\left[-\dfrac{1}{2\sigma^2}(N\theta^2-2N\theta\overline{x})\right]
\end{cases}
\tag{6.2}
$$

其中，$x[n] \in X$。根据贝叶斯公式计算后验概率，得

$$
\begin{aligned}
&P(\theta\mid X)\\[2mm]
={}&\frac{P(X\mid\theta)P(\theta)}{\displaystyle\int P(X\mid\theta)P(\theta)\mathrm{d}\theta}\\[3mm]
={}&\frac{\dfrac{1}{(2\pi\sigma^2)^{\frac{N}{2}}}\dfrac{1}{\sqrt{2\pi\sigma_\theta^2}}\exp\left[-\dfrac{1}{2\sigma^2}\sum_{n=0}^{N-1}x^2[n]\right]\exp\left[-\dfrac{1}{2\sigma^2}(N\theta^2-2N\theta\overline{x})\right]\exp\left[-\dfrac{1}{2\sigma_\theta^2}(\theta-\mu_\theta)^2\right]}{\displaystyle\int_{-\infty}^{+\infty}\dfrac{1}{(2\pi\sigma^2)^{\frac{N}{2}}}\dfrac{1}{\sqrt{2\pi\sigma_\theta^2}}\exp\left[-\dfrac{1}{2\sigma^2}\sum_{n=0}^{N-1}x^2[n]\right]\exp\left[-\dfrac{1}{2\sigma^2}(N\theta^2-2N\theta\overline{x})\right]\exp\left[-\dfrac{1}{2\sigma_\theta^2}(\theta-\mu_\theta)^2\right]\mathrm{d}\theta}\\[3mm]
={}&\frac{\exp\left[-\dfrac{1}{2}\left(\dfrac{1}{\sigma^2}(N\theta^2-2N\theta\overline{x})+\dfrac{1}{\sigma^2}(\theta-\mu_\theta)^2\right)\right]}{\displaystyle\int_{-\infty}^{+\infty}\exp\left[-\dfrac{1}{2}\left(\dfrac{1}{\sigma^2}(N\theta^2-2N\theta\overline{x})+\dfrac{1}{\sigma^2}(\theta-\mu_\theta)^2\right)\right]\mathrm{d}\theta}\\[3mm]
={}&\frac{\exp\left[-\dfrac{1}{2}Q(\theta)\right]}{\displaystyle\int_{-\infty}^{+\infty}\exp\left[-\dfrac{1}{2}Q(\theta)\right]\mathrm{d}\theta}
\end{aligned}
\tag{6.3}
$$

其中，$Q(\theta)$ 定义为

$$
\begin{aligned}
Q(\theta) &= \frac{N}{\sigma^2}\theta^2 - \frac{2N\theta\overline{x}}{\sigma^2} + \frac{\theta^2}{\sigma_\theta^2} - \frac{2\mu_\theta\theta}{\sigma_\theta^2} + \frac{\mu_\theta^2}{\sigma_\theta^2}\\[3mm]
&= \left(\frac{N}{\sigma^2}+\frac{1}{\sigma_\theta^2}\right)\theta^2 - 2\left(\frac{N\overline{x}}{\sigma^2}+\frac{\mu_\theta}{\sigma_\theta^2}\right)\theta + \frac{\mu_\theta^2}{\sigma_\theta^2}
\end{aligned}
\tag{6.4}
$$

令

$$\begin{cases} \sigma_{\theta|x}^2 = \dfrac{1}{\dfrac{N}{\sigma^2} + \dfrac{1}{\sigma_\theta^2}} \\[4mm] \mu_{\theta|x} = \left(\dfrac{N\,\bar{x}}{\sigma^2} + \dfrac{\mu_\theta}{\sigma_\theta^2}\right)\sigma_{\theta|x}^2 \end{cases} \tag{6.5}$$

则,式(6.4)变为

$$\begin{aligned} Q(\theta) &= \frac{1}{\sigma_{\theta|x}^2}(\theta^2 - 2\mu_{\theta|x}\theta + \mu_{\theta|x}^2) - \frac{\mu_{\theta|x}^2}{\sigma_{\theta|x}^2} + \frac{\mu_\theta^2}{\sigma_\theta^2} \\[2mm] &= \frac{1}{\sigma_{\theta|x}^2}(\theta - \mu_{\theta|x})^2 - \frac{\mu_{\theta|x}^2}{\sigma_{\theta|x}^2} + \frac{\mu_\theta^2}{\sigma_\theta^2} \end{aligned} \tag{6.6}$$

将式(6.6)代入式(6.3),可得

$$\begin{aligned} P(\theta \mid X) &= \frac{\exp\left[-\dfrac{1}{2\sigma_{\theta|x}^2}(\theta - \mu_{\theta|x})^2\right]\exp\left[-\dfrac{1}{2}\left(\dfrac{\mu_{\theta|x}^2}{\sigma_{\theta|x}^2} - \dfrac{\mu_\theta^2}{\sigma_\theta^2}\right)\right]}{\displaystyle\int_{-\infty}^{+\infty}\exp\left[-\dfrac{1}{2\sigma_{\theta|x}^2}(\theta - \mu_{\theta|x})^2\right]\exp\left[-\dfrac{1}{2}\left(\dfrac{\mu_{\theta|x}^2}{\sigma_{\theta|x}^2} - \dfrac{\mu_\theta^2}{\sigma_\theta^2}\right)\right]\mathrm{d}\theta} \\[2mm] &= \frac{1}{\sqrt{2\sigma_{\theta|x}^2}}\exp\left[-\frac{1}{2\sigma_{\theta|x}^2}(\theta - \mu_{\theta|x})^2\right] \end{aligned} \tag{6.7}$$

将式(6.7)取数学期望,则得参数的估计值为

$$\hat{\theta} = E(\theta|x) = \mu_{\theta|x} = \frac{\dfrac{N\,\bar{x}}{\sigma^2} + \dfrac{\mu_\theta}{\sigma_\theta^2}}{\dfrac{N}{\sigma^2} + \dfrac{1}{\sigma_\theta^2}} \tag{6.8}$$

整理后,式(6.8)可重写为

$$\hat{\theta} = \frac{\sigma_\theta^2}{\sigma_\theta^2 + \dfrac{\sigma^2}{N}}\bar{x} + \frac{\dfrac{\sigma^2}{N}}{\sigma_\theta^2 + \dfrac{\sigma^2}{N}}\mu_\theta = \alpha\,\bar{x} + (1-\alpha)\mu_\theta \tag{6.9}$$

其中,

$$\alpha = \frac{\sigma_\theta^2}{\sigma_\theta^2 + \dfrac{\sigma^2}{N}} \tag{6.10}$$

注意到 $0 < \alpha < 1$,所以,它是一个加权因子。这里,利用高斯先验概率密度函数,可以确定上述的估计量。先验概率与观测数据具有如下关系:当数据量较少

时，$\sigma_\theta^2 \ll \sigma^2/N$，且 α 较小，则 $\hat{\theta} \approx \mu_\theta$；当观测数据较多时，$\sigma_\theta^2 \gg \sigma^2/N$，且 $\alpha \approx 1$，则 $\hat{\theta} \approx \overline{X}$。

在我们研究的时间同步中，参量 $\theta = (\sigma_i, T_i)^T$，其中，$\sigma_i$ 是节点 i 的测量误差的标准偏差，T_i 是节点 i 的本地时间值，且服从方差为 σ_i^2 的高斯分布。则迭代过程的表达式为[85]

$$
\begin{cases}
\sigma'^2_i = \dfrac{\sigma'^2_{i-1}\sigma_i^2}{\sigma'^2_{i-1}+\sigma_i^2} \\[3mm]
T'_i = \dfrac{\sigma_i^2}{\sigma'^2_{i-1}+\sigma_i^2}T'_{i-1} + \dfrac{\sigma'^2_{i-1}}{\sigma'^2_{i-1}+\sigma_i^2}T_i
\end{cases}
\tag{6.11}
$$

式(6.11)表明，可以通过部分少量样本点，推测后续的时间信息。因此，它减少了同步算法所需的交互时间信令的次数，从而节约了无线传输过程中的能量消耗。

6.2 时间信令交互同步模型的优化

针对时间信令交互同步模型能耗高的问题，在这里，我们提出了一种基于单向时间信令的同步优化方法。

首先，利用上述贝叶斯理论，推断另一侧节点的信令时间，并计算其偏差。其次，根据更新后的时间偏差，采用极大似然法估计节点间的频偏和相偏。最后，我们对优化模型的节能效果进行了测试验证。

6.2.1 优化模型

单向时间信令同步优化模型如图 6-1 所示。其时间信令的传输不同于时间信令交互同步模型，信令仅从参考节点单向传输给同步节点，同步节点负责接收信令，而不进行响应信令的返回操作。因此，该优化模型被称为单向时间信令同步优化模型。由于时间信令的传输是单向的，所以相较于时间信令交互同步模型，它的数据传输次数能够减少一半，从而达到了节约能量的目的[85]。

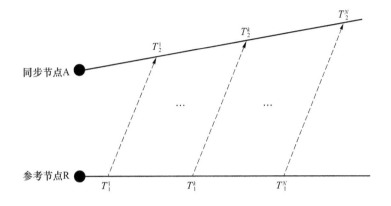

图 6-1 单向时间信令同步优化模型

这里,仅考虑单向链路,所以第 k 次信令的时间差则为

$$U_k = T_2^k - T_1^k$$
$$= (T_1^k + d + X_k)\omega + \varphi - T_1^k$$
$$= (\omega - 1)T_1^k + \omega(d + X_k) + \varphi \qquad (6.12)$$

其中,X_k 是服从高斯分布的随机延时。式(6.12)表明,U_k 与 T_1^k 呈线性关系,其斜率为频偏减 1(即 $\omega - 1$),截距为 $\omega(d + X_k) + \varphi$。考虑到 $\omega(d + X_k) \ll \varphi$,不失一般性,该直线的截距可近似为相偏。

依据上一小节的贝叶斯理论,我们可以得到节点 A 的时间信令估计值 T_2^k。然后,使用极大似然法进行频率偏差和相位偏差的估计。同步补偿后,它们的频率偏斜近似为零,相位保持一致。

节点同步后,有 $T_2^k \approx T_1^k$。我们再次考虑单向链路上的时间差,则有

$$U_k = T_2^k - T_1^k$$
$$= T_1^k + d + X_k - T_1^k \qquad (6.13)$$
$$= d + X_k$$

式(6.13)显示,链路上的时间差,在同步后,将成为一条围绕均值 $E[X + d]$ 波动的近似于水平的曲线。由于随机延时的均值近似为零,所以曲线将围绕 $d = 15\ \text{ms}$ 波动,其中,确定延时已在上面章节中进行了描述。

6.2.2 实验验证

在实验测试中,我们首先通过协议栈编程,将同步节点计数器的初始值由原来

的 32 768 装填为 32 000,则同步节点相对于参考节点的频偏为

$$\omega = \frac{\omega_A}{\omega_R} = \frac{2\pi f_A}{2\pi f_R} = \frac{f_A}{f_R}$$

$$= \frac{\dfrac{1}{32\,000} \cdot 32\ \text{MHz}}{\dfrac{1}{32\,768} \cdot 32\ \text{MHz}} = \frac{1\,000}{976.56} = 1.024$$ (6.14)

根据单向时间信令同步优化模型建立实验环境,并进行同步之前的数据采集。其次,我们绘制单向链路上的时间差曲线,如图 6-2 所示,其频偏的测试结果为 0.023 99。根据式(6.14)计算可得,同步前的理论频偏为 $\omega - 1 = 1.024 - 1 = 0.024$。理论值和实验测试值基本吻合。

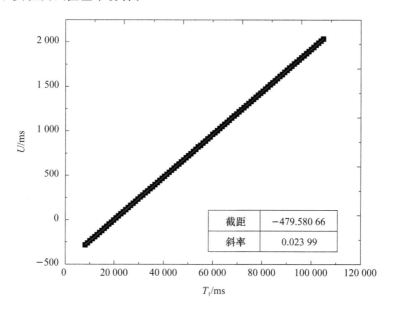

图 6-2　同步前的时间差曲线

根据单向时间信令同步优化模型设置好实验工况,将算法程序下载到节点的芯片中,运行同步算法。图 6-3 给出了同步后的时间差曲线。

同步前、后的时间差曲线比较显示,同步前链路上的时间差曲线斜率为 0.023 99,与理论值 0.024 能够较好地吻合。同步后,曲线斜率仅为 10^{-5} 的数量级,说明频偏已经得到了较好的同步补偿。另外,相位差保持在 14.522 47 ms。这一结果也与上述理论分析值 15 ms 相互吻合。综上测试结果,表明单向时间信令同步优化模型能够保证同步的精度。

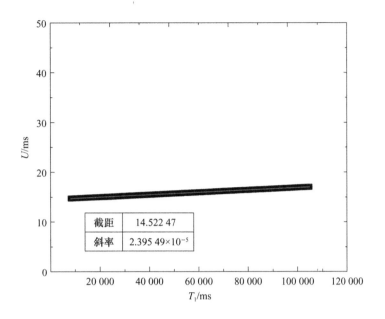

图 6-3　同步后的时间差曲线

无线传感器节点主要包括三个模块,分别是敏感元件、处理模块、通信模块。其中,通信模块的耗能最大。因此,衡量时钟同步模型的能耗大小,通常使用同步信令次数作为度量指标。

单向时间信令同步优化模型相较于时间信令交互同步模型,其时间信令消息仅为一半。所以,该优化模型在保证同步精度的情况下,能够实现节能的目的。

单向时间信令同步优化模型和时间信令交互同步模型的同步精度均依赖于时间信令发送的数量。我们对这两种模型的同步精度进行了对比实验。实验测试结果,如图 6-4 所示。其中,横轴是单向时间信令同步优化模型的消息数量,纵轴为时钟相位偏差。

图 6-4 显示,单向时间信令同步优化模型与时间信令交互同步模型的同步精度较为接近。随着单向信令消息次数的增加,单向时间信令同步优化模型越来越逼近时间信令交互同步模型的变化曲线。这种趋势表明,如果单向信令消息次数足够大,单向时间信令同步优化模型可以替代时间信令交互同步模型。同时,其关键的优点是,基于贝叶斯理论的单向时间信令同步优化模型,能够节约一半的信令消息传递。

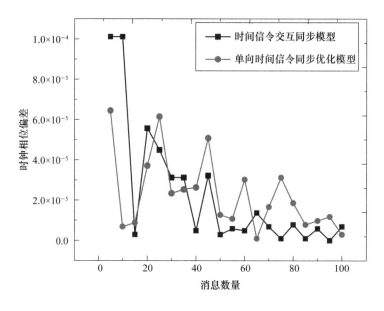

图 6-4　针对两种模型，时钟相位偏差随消息数量的变化曲线

6.3　仅接收节点同步模型的优化

6.3.1　优化模型

在仅接收节点同步模型的基础上，我们根据贝叶斯理论，提出了另一种旨在节能的优化模型。该模型如图 6-5 所示，我们称之为贝叶斯广播同步优化模型。

首先，基于贝叶斯理论，估计观测误差的标准差。其次，得到参考节点的本地时钟的估计值。最后，利用本地时钟的估计值进行时钟更新，实现同步节点时钟的同步化。

在该优化同步模型中，当信号覆盖区域内的两个终端节点接收到父节点发送的时间信令消息时，记录它们各自的本地时钟。

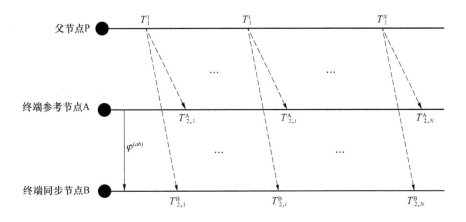

图 6-5 贝叶斯广播同步优化模型[7]

取其时间差,则有

$$
\begin{aligned}
U_i &= T_{2,B}^i - T_{2,A}^i \\
&= (T_1^i + d^{(PB)} + X_i^{(PB)})\omega^{(PB)} + \varphi^{(PB)} \\
&\quad - [(T_1^i + d^{(PA)} + X_i^{(PA)})\omega^{(PA)} + \varphi^{(PA)}] \\
&= T_1^i \times (\omega^{(PB)} - \omega^{(PA)}) + X_i^{(PB)} \times \omega^{(PB)} \\
&\quad - X_i^{(PA)} \times \omega^{(PA)} + (\varphi^{(PB)} - \varphi^{(PA)})
\end{aligned}
\tag{6.15}
$$

式(6.15)表明,时间差 U_i 与 T_1^i 呈线性关系,其斜率与截距分别为

$$
\begin{cases}
k = \omega^{(PB)} - \omega^{(PA)} \\
d = (X_i^{(PB)} \times \omega^{(PB)} - X_i^{(PA)} \times \omega^{(PA)}) + (\varphi^{(PB)} - \varphi^{(PA)})
\end{cases}
\tag{6.16}
$$

由于 $(X_i^{(PB)} \times \omega^{(PB)} - X_i^{(PA)} \times \omega^{(PA)}) \ll (\varphi^{(PB)} - \varphi^{(PA)})$,所以直线的截距近似等于相位差 $\varphi^{(PB)} - \varphi^{(PA)}$。

依据上述优化模型,同样地,经贝叶斯理论同步化之后,时间差转变为

$$
\begin{aligned}
U_i &= T_{2,B}^i - T_{2,A}^i \\
&= T_1^i + d^{(PB)} + X_i^{(PB)} - [T_1^i + d^{(PA)} + X_i^{(PA)}] \\
&= X_i^{(PB)} - X_i^{(PA)}
\end{aligned}
\tag{6.17}
$$

式(6.17)表明,时间差近似为一条水平曲线。其固定值为两个随机延时差值的数学期望,且近似为零。

6.3.2 实验验证

在实验验证中,为了突出比较的效果,我们利用协议栈编程,将两个同步终端节点中的一个节点的计数器的初始值由原来的 327 68 装填为 320 00,则它们之间的相对频偏为

$$
\begin{aligned}
\omega &= \frac{\omega_B}{\omega_A} = \frac{2\pi f_B}{2\pi f_A} = \frac{f_B}{f_A} \\
&= \frac{\dfrac{1}{32\,000} \cdot 32\ \text{MHz}}{\dfrac{1}{32\,768} \cdot 32\ \text{MHz}} \\
&= \frac{1\,000}{976.56} \\
&= 1.024
\end{aligned}
\tag{6.18}
$$

首先,经理论计算,在同步前,信令时间差曲线斜率为 $\omega - 1 = 1.024 - 1 = 0.024$。其次,我们将优化同步的算法程序烧写到传感器节点的处理模块中,并采样输出数据。最后,分别绘制同步前和同步后的时间差曲线。结果分别显示在图 6-6(a)和图 6-6(b)中。

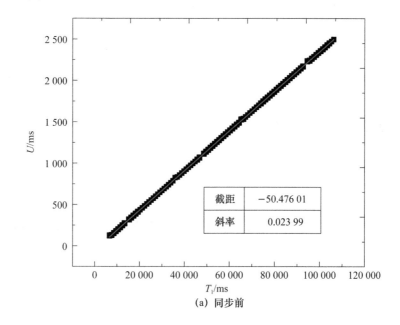

截距	−50.476 01
斜率	0.023 99

(a) 同步前

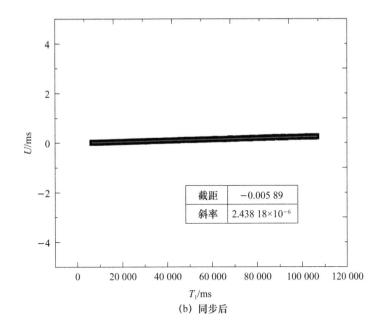

(b) 同步后

图 6-6 同步前和同步后的时间差曲线的比较

图 6-6(a)显示,在同步前,终端节点间的时间差曲线斜率为 0.023 99,与理论值 0.024 能够较好地吻合。在同步后,曲线斜率仅为 10^{-6} 的数量级,说明频偏已经得到了较好的同步补偿。另外,相位差保持在 -0.005 89 ms,这一结果也与上述理论分析值 0 ms 相互吻合。综上测试结果,表明贝叶斯广播同步优化模型能够保证同步的精度。

针对上述贝叶斯广播同步优化模型,我们考察了其与仅接收节点同步模型的同步精度。由于同步精度依赖于时间信令消息的数量,为此我们对这两种模型的同步精度进行了对比实验。实验结果绘制在图 6-7 中,其中横轴表示消息数量,而纵轴表示时钟相位偏差。

图 6-7 显示,贝叶斯广播同步优化模型与仅接收节点同步模型的同步精度大体相近。随着消息数量的增加,贝叶斯广播同步优化模型与仅接收节点同步模型的时钟相位偏差曲线逐步重合。重要的是,单向时间信令同步优化模型较原来的模型,在同步终端节点间减少了近一半的信令消息传递,极大地节约了能耗。

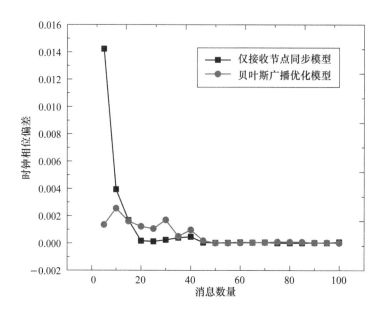

图 6-7　两种模型的同步精度依赖于消息数量的比较

本 章 小 结

　　针对同步算法的节能问题,本章提出了两种优化模型。它们分别被称为单向时间信令同步优化模型和贝叶斯广播同步优化模型。这两种优化模型均采用了贝叶斯理论。对贝叶斯理论在同步算法设计中的研究发现,通过后验概率迭代更新先验概率,可以根据一端的时间信令消息推断另一端的时间信息。利用这一机制,我们在时间信令交互同步模型和仅接收节点同步模型的基础上,提出了上述两种优化模型。

　　优化模型采用一端节点发送时间信令,而另一端节点则利用贝叶斯推断机制进行时间信息的估计。然后,组合这些时间信息,通过极大似然法估计频偏和相偏,进而实现节点间的同步。显然,在上述优化模型中,由于仅一端节点在发送时间信令消息,节约了一半的消息数量。因此,优化模型能够达到节能的目的。就设计的两种优化模型而言,经实验验证,同步精度基本上能够与原有模型保持在同一个数量级上。仅在同步开始阶段,同步精度较原来的算法表现得略低。但是,随着消息数量的增加,同步精度能够快速趋近于原有的精度。理论和实验测试表明,两种优化模型均能在维持同步精度的基础上,实现节能的设计要求。

第 7 章

基于卡尔曼滤波器的时钟同步优化

卡尔曼滤波器是一种最优状态的观测器,其通过组合各种可能受噪声影响的传感器测量值,推断系统下一时刻的状态。卡尔曼滤波器具有高效的递归效率,能够在每个时间步上实时地更新系统状态的估计值,还能够处理含有噪声的测量数据,通过最优估计的方法减少噪声对系统状态估计的影响。

因此,卡尔曼滤波器在多个领域得到了广泛的应用。本章针对侦听节点同步模型,结合卡尔曼滤波器方法,建立一种同步优化算法[61],旨在实现无线传感网络的实时同步。

7.1 卡尔曼滤波器的工作原理

卡尔曼滤波器的主要工作原理是建立一种包含信号和噪声的状态空间。根据前一时刻的状态估计值和当前时刻的观测值,更新目前状态变量的估计值,实现状态变量的实时预测[86-91]。

假设给定一个离散的线性系统。在 $t=i$ 时刻,系统的状态方程和观测方程可定义为

$$\begin{cases} \boldsymbol{X}(i) = \boldsymbol{AX}(i-1) + \boldsymbol{BU}(i-1) + \boldsymbol{W}(i-1) \\ \boldsymbol{Z}(i) = \boldsymbol{HX}(i) + \boldsymbol{V}(i) \end{cases} \tag{7.1}$$

其中:$\boldsymbol{X}(i)$、$\boldsymbol{Z}(i)$、$\boldsymbol{U}(i)$ 分别表示当前时刻的状态向量、观测向量和控制向量;$\boldsymbol{A}$、$\boldsymbol{B}$、$\boldsymbol{H}$ 则分别代表状态的转换矩阵;$\boldsymbol{W}(i)$ 和 $\boldsymbol{V}(i)$ 分别表示当前时刻系统的激励噪声和观测噪声,并假设它们独立同分布,且属于高斯白噪声。

则 $\boldsymbol{W}(i)$ 和 $\boldsymbol{V}(i)$ 满足

$$\begin{cases} E(\boldsymbol{W}) = 0 \\ E(\boldsymbol{V}) = 0 \\ E(\boldsymbol{W}\boldsymbol{V}^{\mathrm{T}}) = 0 \end{cases} \tag{7.2}$$

定义协方差,则有

$$\begin{cases} \mathrm{cov}(\boldsymbol{W}) = E(\boldsymbol{W}\boldsymbol{W}^{\mathrm{T}}) = \boldsymbol{Q} \\ \mathrm{cov}(\boldsymbol{V}) = E(\boldsymbol{V}\boldsymbol{V}^{\mathrm{T}}) = \boldsymbol{R} \end{cases} \tag{7.3}$$

卡尔曼滤波器的工作原理包括两个步骤。第一步是预测,根据前一时刻的状态值估计当前时刻的状态。第二步是修正,在当前时刻利用状态观测值修正预测步骤中得到的估计值。如此往复,迭代更新预测估计值。

其预测方程为

$$\begin{cases} \boldsymbol{X}(i/i-1) = \boldsymbol{A}\boldsymbol{X}(i-1/i-1) + \boldsymbol{B}\boldsymbol{U}(i-1) \\ \boldsymbol{P}(i/i-1) = \boldsymbol{A}\boldsymbol{P}(i-1/i-1)\boldsymbol{A}^{\mathrm{T}} + \boldsymbol{Q} \end{cases} \tag{7.4}$$

其中,$\boldsymbol{X}(i/i-1)$ 表示在前一状态条件 $\boldsymbol{X}(i-1/i-1)$ 下,当前时刻状态的预测估计值。$\boldsymbol{P}(i/i-1)$ 和 $\boldsymbol{P}(i-1/i-1)$ 分别是状态 $\boldsymbol{X}(i/i-1)$ 和 $\boldsymbol{X}(i-1/i-1)$ 所对应的协方差矩阵。

而更新方程,有

$$\boldsymbol{X}(i/i) = \boldsymbol{X}(i/i-1) + \boldsymbol{K}_{\mathrm{g}}(i)[\boldsymbol{Z}(i) - \boldsymbol{H}\boldsymbol{X}(i/i-1)] \tag{7.5}$$

其中,

$$\begin{cases} \boldsymbol{K}_{\mathrm{g}}(i) = \dfrac{\boldsymbol{P}(i/i-1)\boldsymbol{H}^{\mathrm{T}}}{\boldsymbol{H}\boldsymbol{P}(i/i-1)\boldsymbol{H}^{\mathrm{T}} + \boldsymbol{R}} \\ \boldsymbol{P}(i/i) = [\boldsymbol{I} - \boldsymbol{K}_{\mathrm{g}}(i)\boldsymbol{H}]\boldsymbol{P}(i/i-1) \end{cases} \tag{7.6}$$

这里,$\boldsymbol{K}_{\mathrm{g}}(i)$ 称为卡尔曼增益,它是一个关于时间的函数。$\boldsymbol{I}$ 代表单位矩阵。

依此类推,进行迭代更新,预测下一时刻的状态变量。总结起来,卡尔曼滤波器的工作流程,如图 7-1 所示[88-89]。

值得注意的是,在设置初始值时,不能使协方差矩阵 $\boldsymbol{P}(0/0)$ 为零。否则,可能会导致卡尔曼滤波器过分依赖于初始状态 $\boldsymbol{X}(0/0)$,使得卡尔曼滤波器无法预测下一时刻的状态变量。

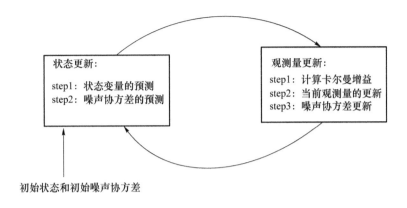

图 7-1　卡尔曼滤波器的工作流程图

7.2　基于卡尔曼滤波器的侦听节点同步模型优化

侦听节点同步模型算法预先需要缓存一定的时间信令消息,之后利用统计估计的方法进行参数估计[92]。因此,侦听节点同步模型算法的实时性较差。本节针对侦听节点同步模型,引入卡尔曼滤波器,以实现一种具有实时性的侦听节点同步模型算法[87-89]。

7.2.1　超节点间的实时性同步

在侦听节点同步模型中,超节点 A 与 R 之间进行时间信令交互,其中节点 A 是同步终端,节点 R 为同步参考节点。这里,我们定义一个状态变量 X^{AR} 表示,节点 A 与节点 R 之间的时钟偏差。因此,在第 i 次的时间信令交互过程中,有

$$\begin{cases} T_{2,i}^{R} - T_{1,i}^{A} = X^{AR}(i) + d + \varepsilon_{x_i} \\ T_{3,i}^{R} - T_{4,i}^{A} = X^{AR}(i) - d - \varepsilon_{y_i} \end{cases} \tag{7.7}$$

其中:ε_{x_i} 和 ε_{y_i} 分别表示上行链路和下行链路的随机延时,它们服从高斯分布且独立同分布;d 是上、下行链路传输延时中的固定分量。

将式(7.7)相加,整理后得

$$X^{AR}(i) = \frac{[T_{2,i}^{R} - T_{1,i}^{A}] + [T_{3,i}^{R} - T_{4,i}^{A}]}{2} - \frac{\varepsilon_{x_i} - \varepsilon_{y_i}}{2} \tag{7.8}$$

定义

$$
\begin{cases}
Z^{\mathrm{AR}}(i) = \dfrac{\left[T_{2,i}^{\mathrm{R}} - T_{1,i}^{\mathrm{A}}\right] + \left[T_{3,i}^{\mathrm{R}} - T_{4,i}^{\mathrm{A}}\right]}{2} \\[4mm]
\Delta\varepsilon^{\mathrm{AR}}(i) = \dfrac{\varepsilon_{x_i} - \varepsilon_{y_i}}{2}
\end{cases}
\tag{7.9}
$$

其中,$Z^{\mathrm{AR}}(i)$ 为 i 时刻,时钟偏差的观测量。

因此,卡尔曼滤波器的观测方程为

$$
Z^{\mathrm{AR}}(i) = X^{\mathrm{AR}}(i) + \Delta\varepsilon^{\mathrm{AR}}(i)
\tag{7.10}
$$

在这里,我们需要证明,如果 ε_{x_i} 和 ε_{y_i} 是服从高斯分布,且相互独立的随机变量,则随机量 $\Delta\varepsilon^{\mathrm{AR}}(i)$ 服从高斯分布。

证明:考虑到 X_1 和 X_2 是相互独立的高斯分布,可以分别记为 $X_1 \sim (\mu_1, \delta_1^2)$,$X_2 \sim (\mu_2, \delta_2^2)$,则推导随机变量 $Y = X_1 - X_2$ 的分布。

由题意可知,X_1 和 X_2 的概率密度分别为

$$
\begin{cases}
F_{X_1}(x_1) = \dfrac{1}{\sqrt{2\pi}\delta_1} \exp\left[-\dfrac{(x_1 - \mu_1)^2}{2\delta_1^2}\right] \\[4mm]
F_{X_2}(x_2) = \dfrac{1}{\sqrt{2\pi}\delta_2} \exp\left[-\dfrac{(x_2 - \mu_2)^2}{2\delta_2^2}\right]
\end{cases}
\tag{7.11}
$$

则计算 Y 的概率密度,有

$$
\begin{aligned}
F_Y(y) &= \int_{-\infty}^{\infty} f_{x_1}(x_1) f_{x_2}(y + x_1)\,\mathrm{d}x_1 \\[2mm]
&= \frac{1}{2\pi\delta_1\delta_2} \int_{-\infty}^{\infty} \exp\left[-\frac{(x_1 - \mu_1)^2}{2\delta_1^2} - \frac{(y + x_1 - \mu_2)^2}{2\delta_2^2}\right]\mathrm{d}x_1
\end{aligned}
\tag{7.12}
$$

整理可得

$$
F_Y(y) = \frac{1}{2\pi\delta_1\delta_2} \int_{-\infty}^{\infty} \exp(-ax_1^2 + bx_1 - c)\,\mathrm{d}x_1
\tag{7.13}
$$

令

$$
\begin{cases}
a = \dfrac{1}{2\delta_1^2} + \dfrac{1}{2\delta_1^2} \\[4mm]
b = \dfrac{\mu_1}{\delta_1^2} - \dfrac{y - \mu_2}{\delta_2^2} \\[4mm]
c = \dfrac{\mu_1^2}{2\delta_1^2} + \dfrac{(y - \mu_2)^2}{2\delta_2^2}
\end{cases}
\tag{7.14}
$$

则有

$$F_Y(y) = \frac{1}{2\pi\delta_1\delta_2} \int_{-\infty}^{\infty} \exp\left[-a\left(x_1 - \frac{b}{2a}\right)^2 + \frac{b^2}{4a} - c\right] dx_1 \tag{7.15}$$

再令 $m = x_1 - b/2a$，有

$$\int_{-\infty}^{\infty} \exp(-am^2) dx_1 = \sqrt{\frac{a}{x_1}} \tag{7.16}$$

因此，

$$F_Y(y) = \frac{1}{2\pi\delta_1\delta_2} \sqrt{\frac{\pi}{a}} \exp\left(\frac{b^2}{4a} - c\right)$$

$$= \frac{1}{2\pi\delta_1\delta_2} \sqrt{\frac{\pi}{\frac{1}{2\delta_1^2} + \frac{1}{2\delta_2^2}}} \exp\left[\frac{\left(\frac{\mu_1}{\delta_1^2} - \frac{y - \mu_2}{\delta_1^2}\right)^2}{\frac{2}{\delta_1^2} + \frac{2}{\delta_2^2}} - \frac{\mu_1^2}{2\delta_1^2} - \frac{(y - \mu_2)^2}{2\delta_2^2}\right] \tag{7.17}$$

$$= \frac{1}{\sqrt{2\pi(\delta_1^2 + \delta_2^2)}} \exp\left[\frac{Q}{2\delta_1^2\delta_2^2(\delta_1^2 + \delta_2^2)}\right]$$

其中，

$$Q = [\delta_2^2\mu_1 - \delta_1^2(y - \mu_2)]^2 - (\delta_1^2 + \delta_2^2)[\mu_1^2\delta_2^2 + \delta_1^2(y - \mu_2)^2] \tag{7.18}$$

$$= -\delta_1^2\delta_2^2(y + \mu_1 - \mu_2)^2$$

将式(7.18)代入式(7.17)中，化简后，可得

$$F_Y(y) = \frac{1}{\sqrt{2\pi(\delta_1^2 + \delta_2^2)}} \exp\left[-\frac{(y + \mu_1 - \mu_2)^2}{2(\delta_1^2 + \delta_2^2)}\right] \tag{7.19}$$

式(7.19)表明，随机变量 Y 服从高斯分布，记为 $Y \sim (\mu_1 - \mu_2, \delta_1^2 + \delta_2^2)$。由于 $\Delta\varepsilon^{AR}(i)$ 等于上、下行链路上随机延时差值的二分之一，则 $\Delta\varepsilon^{AR}(i) \sim N(0, 2\delta^2)$。其中，$\delta^2$ 表示上、下行链路上随机延时分布的均方差。

根据时钟偏差的定义，将这一观测量可重新写为本地时钟偏差，形如

$$X^{AR}(i) = C_R(i) - C_A(i) \tag{7.20}$$

其中，$C_R(i)$ 和 $C_A(i)$ 分别是第 i 时刻参考节点和终端节点的本地时钟。

另外，在实际应用中，无线传感器节点的晶体振荡器由于受环境干扰和工艺误差的影响，振荡频率常会发生漂移。频率漂移常常会导致节点时钟的相位产生抖动。Behzad Mesgarzadeh 等[93]通过大量的实验测量和统计分析，得到了如图 7-2 所示的结果，验证了由频率偏移产生的时钟抖动服从均值为 0 的正态分布。同时，它也表明了绝大多数抖动都集中在中心频率 f_0 附近。

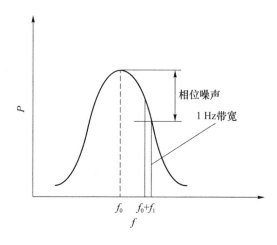

图 7-2 时钟抖动分布曲线[93]

基于上面的分布测试结果,我们假设网络中任意传感器节点的时钟抖动是相互独立的正态分布。所以,在第 i 次时间信令交互过程中,参考节点 R 和超节点 A 的本地时钟可表示为

$$\begin{cases} C_R(i) = C_R(i-1) + T + \tau_R(i-1) \\ C_A(i) = C_A(i-1) + T + \tau_A(i-1) \end{cases} \tag{7.21}$$

其中:T 表示采样周期;$\tau_R(i-1)$ 和 $\tau_A(i-1)$ 分别表示参考节点 R 和超节点 A 在第 $i-1$ 次时间信令交互过程中的时钟抖动值,它们服从均值为零,方差为 δ 的正态分布。

将式(7.21)的两边作差,即可得到状态方程为

$$X^{AR}(i) = X^{AR}(i-1) + \Delta\tau^{AR}(i-1) \tag{7.22}$$

其中,$\Delta\tau^{AR}(i-1) = \tau_R(i-1) - \tau_A(i-1)$ 表示参考节点 R 和超节点 A 的时钟抖动差值,$\tau_R(i-1)$ 和 $\tau_A(i-1)$ 是相互独立的正态分布。依据上面已经证明的性质定理可知,$\Delta\tau^{AR}(i-1) \sim N(0, 2\delta^2)$。

因此,在侦听节点同步模型中,参考节点 R 和超节点 A 间的状态变量(即时钟偏差)的卡尔曼滤波器的状态方程和观测方程为

$$\begin{cases} X^{AR}(i) = X^{AR}(i-1) + \Delta\tau^{AR}(i-1) \\ Z^{AR}(i) = X^{AR}(i) + \Delta\varepsilon^{AR}(i) \end{cases} \tag{7.23}$$

根据式(7.23),实时预测参考节点 R 和超节点 A 间的时钟偏差的算法,按照如下步骤执行。

（1）式（7.1）所述系统为单模态，令系统参数 $A=H=1$，$B=0$，则可由系统的上一时刻状态的最优估计值 $X(i-1/i-1)$，预测出当前状态的估计值 $X(i/i-1)$，即

$$X(i/i-1)=X(i-1/i-1)$$

（2）用 P 表示状态变量的协方差，更新 $X(i/i-1)$ 的协方差矩阵，有

$$P(i/i-1)=P(i-1/i-1)+Q$$

（3）计算卡尔曼增益 $K_g(i)$

$$K_g(i)=\frac{P(i/i-1)}{P(i/i-1)+R}$$

（4）利用测量值 $Z(i)$ 和预测值 $X(i/i-1)$，得到当前状态的最优估计值为

$$X(i/i)=X(i/i-1)+K_g(i)\times[Z(i)-X(i/i-1)]$$

（5）更新当前状态下的协方差，即

$$P(i)=[1-K_g(i)]\times P(i/i-1)$$

从初始值开始，按照上面的算法步骤执行迭代操作。最终，随时间步长的递增，可连续预测参考节点和超节点间的时钟偏差，进而实现实时性同步。

7.2.2 侦听节点的实时性同步

根据侦听节点同步模型，在参考节点 R 和超节点 A 之间发生的第 i 次时间信令交互过程中，有

$$\begin{cases} T_{2,i}^{R}-T_{1,i}^{A}=X^{RA}(i)+d+\varepsilon_{x_i}^{RA} \\ T_{2,i}^{B}-T_{1,i}^{A}=X^{BA}(i)+d+\varepsilon_{x_i}^{BA} \end{cases} \tag{7.24}$$

其中：$X^{RA}(i)$ 表示超节点 A 和参考节点 R 之间的时钟偏差；$\varepsilon_{x_i}^{RA}$ 表示信息从节点 A 传输到节点 R 的随机延时，且服从高斯分布；$X^{BA}(i)$ 表示超节点 A 和侦听节点 B 之间的时钟偏差；$\varepsilon_{x_i}^{BA}$ 表示时间信令从节点 A 传输到节点 B 的随机延时，且服从高斯分布；d 表示确定延时。

在这里，我们定义侦听节点相对于参考节点 R 的时钟偏差为状态变量。将式（7.24）的两边作差，可得

$$T_{2,i}^{R}-T_{2,i}^{B}=X^{RA}(i)-X^{BA}(i)+\varepsilon_{x_i}^{RA}-\varepsilon_{x_i}^{BA} \tag{7.25}$$

$$=X^{RB}(i)+\varepsilon_{x_i}^{RA}-\varepsilon_{x_i}^{BA}$$

则状态变量为

$$X^{\mathrm{RB}}(i) = \left[T_{2,i}^{\mathrm{R}} - T_{2,i}^{\mathrm{B}} \right] - \left(\varepsilon_{x_i}^{\mathrm{RA}} - \varepsilon_{x_i}^{\mathrm{BA}} \right) \tag{7.26}$$

定义

$$\begin{cases} Z^{\mathrm{RB}}(i) = T_{2,i}^{\mathrm{R}} - T_{2,i}^{\mathrm{B}} \\ \Delta \varepsilon_{x_i}^{\mathrm{RB}} = \varepsilon_{x_i}^{\mathrm{RA}} - \varepsilon_{x_i}^{\mathrm{BA}} \end{cases} \tag{7.27}$$

其中：$Z^{\mathrm{RB}}(i)$ 为时刻 i 的时钟偏差的观测量；$\Delta \varepsilon_{x_i}^{\mathrm{RB}}$ 为侦听节点 B 至参考节点 A 的随机延时。

将式(7.27)代入式(7.26)中，可得卡尔曼滤波器的观测方程为

$$Z^{\mathrm{RB}}(i) = X^{\mathrm{RB}}(i) + \Delta \varepsilon_{x_i}^{\mathrm{RB}} \tag{7.28}$$

在参考节点 R 与超节点 A 间的第 i 次时间信令交互中，参考节点 R 和侦听节点 B 的本地时钟可分别表示为

$$\begin{cases} C_{\mathrm{R}}(i) = C_{\mathrm{R}}(i-1) + T + \tau_{\mathrm{R}}(i-1) \\ C_{\mathrm{B}}(i) = C_{\mathrm{B}}(i-1) + T + \tau_{\mathrm{B}}(i-1) \end{cases} \tag{7.29}$$

其中，$\tau_{\mathrm{R}}(i-1)$ 和 $\tau_{\mathrm{B}}(i-1)$ 分别表示在时刻 $i-1$，参考节点 R 和侦听节点 B 的本地时钟抖动，它们分别服从均值为零的正态分布。

将式(7.29)的两边作差，可得状态方程，即

$$X^{\mathrm{RB}}(i) = X^{\mathrm{RB}}(i-1) + \Delta \tau^{\mathrm{RB}}(i-1) \tag{7.30}$$

其中，$\Delta \tau^{\mathrm{RB}}(i-1) = \tau_{\mathrm{R}}(i-1) - \tau_{\mathrm{B}}(i-1)$。

由式(7.19)可知，它服从均值为零，方差等于 $2\delta^2$ 的正态分布（即 $\Delta \tau^{\mathrm{RB}}(i-1) \sim N(0, 2\delta^2)$）。

综上所述，卡尔曼滤波器关于侦听节点 B 相对于参考节点 R 的时钟偏差的状态方程和观测方程，有

$$\begin{cases} X^{\mathrm{RB}}(i) = X^{\mathrm{RB}}(i-1) + \Delta \tau^{\mathrm{RB}}(i-1) \\ Z^{\mathrm{RB}}(i) = X^{\mathrm{RB}}(i) + \Delta \varepsilon_{x_i}^{\mathrm{RB}} \end{cases} \tag{7.31}$$

我们按照式(7.31)，依据卡尔曼滤波器的执行步骤，进行侦听节点 B 相对于参考节点 R 的时钟偏差的预测，并实现侦听节点的实时同步。

同理，超节点信号覆盖区域内的其他所有侦听节点的卡尔曼滤波器的状态方程和观测方程，可分别表示为矩阵形式，形如

$$\begin{bmatrix} X^{\mathrm{RB}_1}(i) \\ X^{\mathrm{RB}_2}(i) \\ X^{\mathrm{RB}_3}(i) \\ \vdots \\ X^{\mathrm{RB}_N}(i) \end{bmatrix} = \begin{bmatrix} X^{\mathrm{RB}_1}(i-1) \\ X^{\mathrm{RB}_2}(i-1) \\ X^{\mathrm{RB}_3}(i-1) \\ \vdots \\ X^{\mathrm{RB}_N}(i-1) \end{bmatrix} + \begin{bmatrix} \Delta \tau^{\mathrm{RB}_1}(i-1) \\ \Delta \tau^{\mathrm{RB}_2}(i-1) \\ \Delta \tau^{\mathrm{RB}_3}(i-1) \\ \vdots \\ \Delta \tau^{\mathrm{RB}_N}(i-1) \end{bmatrix} \tag{7.32}$$

与

$$
\begin{bmatrix} Z^{\mathrm{RB}_1}(i) \\ Z^{\mathrm{RB}_2}(i) \\ Z^{\mathrm{RB}_3}(i) \\ \vdots \\ Z^{\mathrm{RB}_N}(i) \end{bmatrix} = \begin{bmatrix} X^{\mathrm{RB}_1}(i) \\ X^{\mathrm{RB}_2}(i) \\ X^{\mathrm{RB}_3}(i) \\ \vdots \\ X^{\mathrm{RB}_N}(i) \end{bmatrix} + \begin{bmatrix} \Delta\varepsilon_{x_i}^{\mathrm{RB}_1} \\ \Delta\varepsilon_{x_i}^{\mathrm{RB}_2} \\ \Delta\varepsilon_{x_i}^{\mathrm{RB}_3} \\ \vdots \\ \Delta\varepsilon_{x_i}^{\mathrm{RB}_N} \end{bmatrix} \tag{7.33}
$$

利用式(7.32)和式(7.33),同样地,执行卡尔曼滤波器算法的更新步骤,即可实现覆盖区域内网络的时钟同步。

7.3 数值模拟

在数值模拟过程中,对于参考节点与超级终端节点间的时间信令交互过程,我们设置信令发送周期为1 s,初始时钟偏差为200 ms,并对其进行连续跟踪观测500个周期,如图7-3所示。

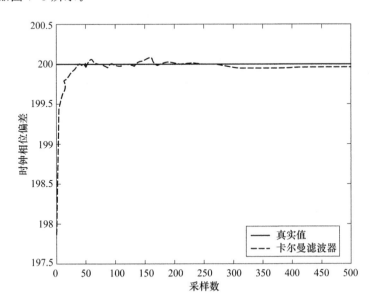

图 7-3 连续跟踪的观察图像

超节点间的同步模拟结果显示,在基于卡尔曼滤波器的实时侦听节点同步优化算法中,能够逐渐消除时钟偏差,并逼近同步运行。

另外,为了提高观察的分辨率,我们又连续跟踪了 200 个周期和 100 个周期的观测情况。相应的跟踪图像分别如图 7-4 和图 7-5 所示。

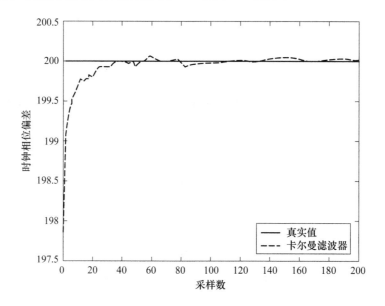

图 7-4　连续跟踪 200 个周期的观察图像

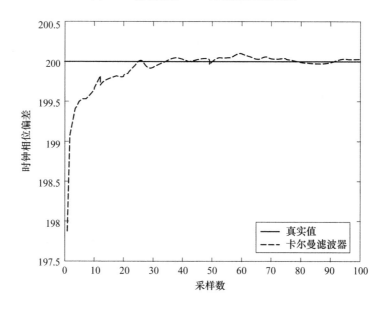

图 7-5　连续跟踪 100 个周期的观察图像

通过提高分辨率,我们观察到,超节点同步优化算法执行约 50 个周期后,能够开始收敛。收敛后,时钟偏差仅为 10^{-5} ms。这表明,超节点同步优化算法在 50 s 内就可实现超节点间的同步,并实时保持一致。

图 7-6 显示了超节点同步优化算法与极大似然法估计的同步精度比较。在开始阶段,与极大似然法估计相比较,超节点同步优化算法的同步精度较差。但随着观察的持续进行,它们的误差逐渐接近,最后均可实现 10^{-5} ms 的精度。值得注意的是,超节点同步优化算法是实时同步跟踪的,而极大似然法估计则是在一段信令消息缓存后,才能实现同步。因此,它不能进行实时同步化。

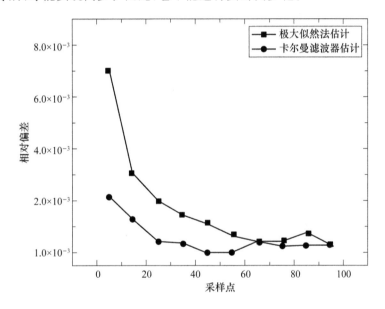

图 7-6　超节点同步优化算法与极大似然法估计的同步精度比较

与超节点同步优化算法模拟相类似,在模拟侦听节点同步优化算法时,我们设置采样周期为 1 s,初始时钟偏差为 150 ms,并对其进行连续跟踪观测 500 个周期。跟踪图像如图 7-7、图 7-8、图 7-9 所示。其中,图 7-8 和图 7-9 是提高观察分辨率后的跟踪图像,分别为 200 个和 100 个观察周期。

侦听节点同步优化算法的跟踪图像,如图 7-7 所示,在基于卡尔曼滤波器的实时侦听节点同步优化算法中,能够逐渐消除时钟偏差,并逼近同步运行。

通过提高分辨率,我们观察到,侦听节点同步优化算法执行约 65 个周期后开始收敛。收敛后,时钟偏差仅为 10^{-5} ms。这表明,侦听节点同步优化算法在 65 s 内就可实现侦听节点的同步,并实时保持一致。

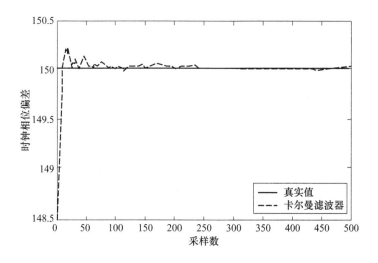

图 7-7　侦听节点同步优化算法的跟踪图像

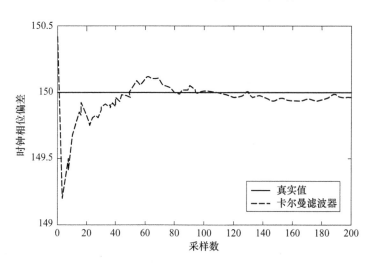

图 7-8　侦听节点同步优化算法的 200 个观察周期的跟踪图像

　　针对同步精度和能耗两个方面,我们对基于卡尔曼滤波器的优化算法与极大似然法估计进行了比较,比较结果见表 7-1 和表 7-2。

表 7-1　初始阶段比较结果

项目	极大似然法估计	优化算法
同步精度/ms	10^{-5}	10^{-5}
时间信令次数/次	200	200

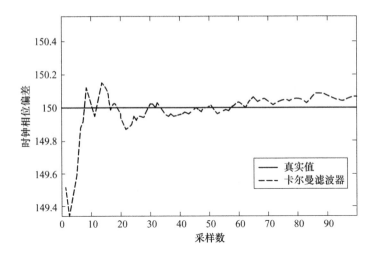

图 7-9 侦听节点同步优化算法的 100 个观察周期的跟踪图像

表 7-2 同步后比较结果

项目	极大似然法估计	优化算法
同步精度/ms	10^{-5}	10^{-5}
时间信令次数/次	200	20

表 7-1 表明,在初始阶段,100 个观测周期内优化算法、极大似然法估计的时间信令次数均为 200 次,能量消耗相同。然而,表 7-2 表明,在同步后,优化算法的时间信令次数仅需 20 次,远低于极大似然法估计。因此,优化算法的节能效果较明显。

更重要的是,优化算法可以实时进行同步跟踪。极大似然法估计需要保存一段时间内的信令信息,然后才能进行统计估计。而优化算法利用卡尔曼滤波器,可以实时根据上一次状态变量和当前的观测值,估计当前状态变量。因此,优化算法能够实现实时同步,并且在同步跟踪过程中保持一定的同步精度。

本 章 小 结

针对侦听节点同步模型,本章设计了一种实时同步优化算法。首先,介绍了卡尔曼滤波器的工作原理。其特点是,基于前一状态变量的估计值以及当前的观测值,预测当前时刻的状态变量。如此迭代更新,可进行连续预测跟踪。

其次,利用卡尔曼滤波器这一工作原理,分两步优化侦听节点同步模型。第一步,优化超节点与参考节点间的同步。第二步,优化侦听节点的时间信令采集。在两步优化过程中,均使用卡尔曼滤波器进行了时间信令的实时预测。

最后,我们进行了数值模拟。模拟结果表明,优化算法可以实现实时性同步跟踪,其同步精度与传统统计估计精度相当。更重要的是,该优化算法不仅能够保证同步精度,而且能够实时同步和节约能耗。

第 8 章

数据传输驱动下的网络同步研究

随着复杂系统与复杂网络研究的深入,为探究复杂系统的宏观同步涌现和微观机制之间的关系提供了理论和技术基础。复杂无线传感器网络是一个复杂系统,包含多种功能行为,诸如环境感知和处理、数据传输和融合、时钟同步等行为。其中,时钟同步是维持系统正常功能的重要机制,且数据传输与时钟同步相互交织。节点缓存的数据越多,就越需要快速处理和转发;反之,网络节点的重要性越强,则流入的数据包就越多。

上述无线传感器网络的同步过程,类似于大脑的神经网络。大脑静息态 fMRI 的血氧水平依赖 BOLD 信号显示,脑区的放电活动和同一区域的血液流动之间存在着相对较强的相关性。血液流动负责将能量输送到神经元,而神经网络调节血流的变化。事实上,能量供应中断会导致神经元信息处理活动停止,而大脑区域的高放电活动通常伴随着同一区域血液流入的增加。

受此启发[94-99,100],我们将无线传感器网络的数据包转发,建模为有偏的随机游走过程。另外,利用协议栈编程,建构了一个相互耦合的逻辑网络,模拟并实现网络全局的同步。因此,在第 8 章和后面的第 9 章中,我们从无线传感器网络同步设计的角度,重新阐述了实验室原有的动力学模型和数值模拟结果,旨探究在数据传输驱动下,无线传感器网络同步设计的新思路。

8.1 多层网络模型

在无线传感器网络中,数据包传输会影响传感器节点发送信号的活动。传感器节点间通过信号发送相互耦合,我们规定这种耦合依赖于传感器节点间的相位差。考虑到时钟的周期性,依赖函数定义为相位差的正弦值。当正弦函数值大于零时,节点间相互吸引,相位不断靠近并趋于同步。反之,当函数值小于零时,节点间相互排斥并出现去同步化现象。如果函数值等于零时,节点按照自身的频率自由振荡。

为了研究此动力学过程,我们在无线传感器网络的基础上,利用协议栈编程,建立了一个节点间具有相互作用关系的逻辑网络,如图 8-1 所示,它被称为同步层。该同步层的网络结构建模为 BA 模型。其中,同步层与数据传输层节点相对应。假定网络尺度大小为 N,度分布服从幂律分布(即 $p(k) \sim k^{-\upsilon}$)。网络的邻接矩阵编码为 $\boldsymbol{A} = [A_{ij}]^{N \times N}$,矩阵元素 $A_{ij} = 1$,则表示节点 i 和 j 存在互动关系(即存在连边)。否则,$A_{ij} = 0$。因此,网络中任意节点 i 的度大小为 $k_i = \sum\limits_{j=1}^{N} A_{ij}$。度指数 υ 反映了网络的异质性,如果 υ 较小,异质性则越强。在这里值得注意的是,为了简化处理,我们构建的同步层,其网络结构与数据传输层没有直接的相关性。

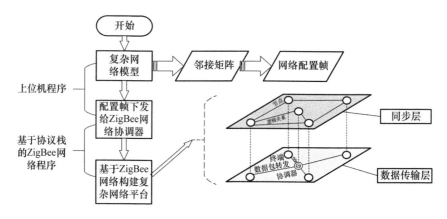

图 8-1　同步层的构建

数据传输层与同步层中的各自动力学行为相互作用。传感器敏感的数据信息在数据传输层上流动,其流动的方向将受到同步层网络结构的调谐。同步层节点的度越大,流向该节点的数据包则越多。反过来讲,如果数据传输层中节点缓存的数据包越多,该节点发送信息的活动则越频繁。

为了描述数据传输层和同步层的这种动力交织的过程,进而实现网络的时钟同步。如图 8-2 所示,我们采用了多层动力学方法,建立了一个双层网络的动力学系统。其中,下层表示数据传输层,不失一般性,我们建模为 ER 模型,其中度分布服从泊松分布。上层表示同步层,建模为无标度网络模型。由于节点同属于一个物理传感器节点,所以双层网络的节点一一对应。数据传输层用来描述数据传输动力学,而同步层用来描述节点间的相互耦合,层间则存在着上述的相互作用关系。

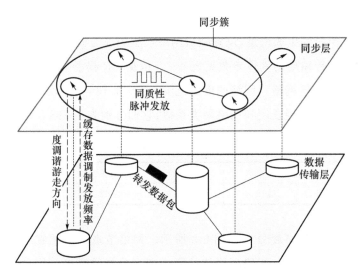

图 8-2 双层网络的动力学系统模型

同步层节点内的箭头示意该耦合振子的相位,其中同步簇内节点的相位一致,表示它们已进入同步状态。数据传输层节点缓存的数据包越多,对应的圆柱体越高。层间连边则反映了,同步层耦合振子的固有频率与数据传输层中节点缓存的数据成比例。同时,数据传输层数据包的传输会根据同步层节点度而有所偏移。

8.2 数据传输层

数据传输层的网络建模为 ER 模型,其数据传输动力学行为被描述为有偏随机游走。下面我们将进行详细的阐述。

8.2.1 数据传输层的网络建模

数据传输层是用于模拟传感数据包传输的网络。研究表明,无线传感器网络是一个自组织网络。绝大多数传感器节点在传输数据包时具有同质性,即具有极多数据链路的节点或极少链路数目的节点均比较少。

不失一般性,我们将数据传输层建模为 ER 模型,它的度分布(即节点的链路数量)服从泊松分布。在数据传输层的网络足够大的情形下,网络的平均度$\langle k \rangle \simeq Np$。其中,$p$ 为节点的连边概率。

根据 ER 模型的生成模型,设置随机网络模型的连边概率 $p=0.1$,网络尺度大小为 $N=1\,000$,传输层的具体参数见表 8-1。依据 ER 模型参数,利用 ER 模型生成了一个随机传输层网络。网络的度的范围 $k \in [73,136]$,平均度 $\langle k \rangle = 99.62$,并且具有较小的平均路径长度和网络聚类系数,它们分别为 1.898 5 和 0.099 8。

表 8-1 数据传输层的具体参数

网络模型	节点数	连边数	平均度	平均路径长度	聚类系数
数据传输层(ER 模型)	1 000	49 781	99.562	1.898 5	0.099 8

数据传输层的网络度分布如图 8-3 所示。网络节点的度值在均值附近,两边呈指数衰减的泊松分布。即偏离均值的两边概率呈指数衰减。因此,网络节点具有明显的同质性,较好地体现了无线传感器网络的自组织特性。

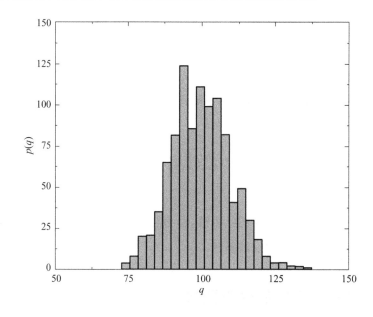

图 8-3 数据传输层的网络度分布

8.2.2 数据传输层有偏随机游走

针对数据包传输活动,我们采用有偏随机游走的动力学进行描述。随机游走属于马尔科夫过程,其无规则游走对应于一个守恒量的扩散输运过程。其中,有偏随机游走与随机游走的区别在于,转移概率不再是随机的,而是具有一定的偏好性。游子依据该偏好机制,优先选择某一个方向转移守恒量[101-103]。

在数据传输层,我们可定义数据包为一个持续扩散的守恒量,称为游子。当数据包从节点 i 尝试游走至邻居节点 j 时,其转移概率为

$$\pi_{ji} = \frac{e_{ij}f_j}{\sum\limits_{l=1}^{N}e_{li}f_l} \tag{8.1}$$

其中,e_{ij} 是数据传输层邻接矩阵的元。f_j 定义为节点 j 的偏置函数。这里,假设我们采用同步更新的方法,在离散时间步长内,数据包转移至邻居节点。所以,转移概率式(8.1)是归一化的,即 $\sum\limits_{j}\pi_{ji} = 1$。

定义 p_i^t 为在时刻 t,数据包流入节点 i 的概率。数据包的有偏随机游走的演化过程遵循以下递归方程,即

$$p_i^{t+1} = \sum_{j=1}^{N}\pi_{ij}p_j^t \tag{8.2}$$

这里,考虑网络中有 N 个节点,式(8.2)可写为矩阵形式,形如

$$\boldsymbol{P}^{t+1} = \boldsymbol{\Pi}\boldsymbol{P}^t \tag{8.3}$$

其中:$\boldsymbol{\Pi}$ 为转移概率矩阵,且 $\boldsymbol{\Pi} = [\pi_{ij}] \in \mathbb{R}^{N \times N}$;$\boldsymbol{P}^t$ 表示在 t 时刻,数据包处于网络每一节点的概率的列向量。

考虑到数据传输层是一个无向的连通网络,根据 Perron-Frobenius 定理,我们可知式(8.3)所描述的动力学为一个遍历的马尔科夫链。这意味着,式(8.3)将收敛于稳态分布 $\boldsymbol{P}^*$,即有

$$\lim_{t \to \infty}\boldsymbol{\Pi}^t\boldsymbol{P}(0) = \boldsymbol{P}^* \tag{8.4}$$

其中,$\boldsymbol{P}(0)$ 是数据包位于节点的概率的初始分布。并且,对于任意 $\boldsymbol{P}(0)$,稳态解 $\boldsymbol{P}^*$ 是唯一存在的。接下来,我们计算稳态概率分布 $\boldsymbol{P}^*$。

假设数据包从节点 i 开始出发,经过大小为 t 的时间步长,游走至节点 j。期间,路径经过节点 $j_1, j_2, \cdots, j_{t-1}$。则,游走至目标节点 j 的概率为

$$p_{i \to j}^t = \sum \pi_{ij_1}\pi_{j_1j_2}\cdots\pi_{j_{t-2}j_{t-1}}\pi_{j_{t-1}j_t} \tag{8.5}$$

由于网络是无向的,则 $e_{ij}=e_{ji}$,$\forall i,j$。因此,数据包游走存在以下的比例关系

$$c_i f_i p^t_{i \to j} = c_j f_j p^t_{j \to i} \tag{8.6}$$

其中,$c_i = \sum_j e_{ij} f_j$。上式表明,当游子进入稳态时,有下式成立

$$c_i f_i p^*_j = c_j f_j p^*_i \tag{8.7}$$

式(8.7)的两边关于指标 j 求和,则有

$$p^*_i = \frac{c_i f_i}{\sum_j c_j f_j} \tag{8.8}$$

根据双层网络动力学模型,偏置函数定义为

$$f_i = k^\alpha_i \tag{8.9}$$

注意,这里的 k_i 是节点 i 对应于同步层的节点的度大小。其中,α 称为偏置函数的调谐参数。

当 $\alpha>0(\alpha<0)$ 时,数据传输层数据包向同步层中度大(度小)的节点游走。当 $\alpha=0$ 时,数据传输层数据包没有偏好性,随机地向相邻节点游走。

将式(8.9)代入式(8.8)中,即可得有偏随机游走的稳态解为

$$p^*_i = \frac{k^\alpha_i \sum_{j=1}^{N} e_{ij} k^\alpha_j}{\sum_{j=1}^{N} k^\alpha_j \sum_{i=1}^{N} e_{ij} k^\alpha_i} \tag{8.10}$$

式(8.10)表明,节点 i 上数据包的分布依赖于节点本身的度大小以及邻居节点的度大小。而且,表达式中还存在着关于度大小的交叉项。为了简化处理,在构建同步层的网络结构时,需要消除网络节点度-度的相关性。

8.3 同步层及其同步动力学

同步层建模为 BA 模型,其上的同步动力学行为通过 Kuramoto 模型进行描述。下面就网络模型及其动力学分别进行阐述。

8.3.1 同步层的网络建模

同步层是建立在数据传输层上的逻辑层,其用于模拟传感器节点间时钟相位

的耦合关系。由前面章节的分析可知,BA 模型具有平均路径小、小世界、无标度等特征。大量学者的研究表明,由于 BA 模型中存在的异质性,相位振荡器的相互作用,可产生类似于物质的一级相变。在耦合强度对同步的作用下,同步序参量表现为一种跳变的、不连续的变化,被称为爆炸性同步。在相变点,网络节点可快速实现全局同步。基于这种爆炸性同步效应,我们将同步层建立为典型的 BA 模型。

在同步层 BA 模型的建模中,每个新增节点的连边数 $m=3$,网络尺度大小为 $N=1\,000$。同步层的统计特征参数见表 8-2。

表 8-2 同步层的统计特征参数

网络模型	节点数	连边数	平均度	平均路径长度	聚类系数
同步层(BA 模型)	1 000	2 994	5.988	3.449 3	0.034 3

表 8-2 显示,在生成的网络中,节点的连接度取值范围为 $k\in[3,94]$,平均度 $\langle k\rangle=5.988$。另外,网络的平均路径长度较短,这表明生成网络具有小世界特征。生成网络的度分布服从幂律分布,如图 8-4 所示。在双对数坐标下,度分布近似为一条直线,符合幂指数函数的形式。通过线性拟合(拟合优度 $R^2=0.995\,4$),得到

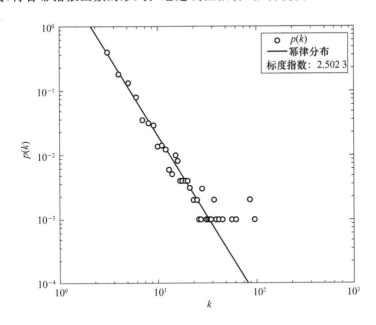

图 8-4 生成网络度分布的双对数坐标曲线

$p(k)\sim k^{-2.502\,3}$,其中,度指数 $v=2.502\,3$。生成的网络模型是一个典型的无标度网

络模型。其中,绝大部分节点属于度较小的节点,而连接度大的节点则较少。少数大度的节点具有 Hub 效应。

8.3.2 同步层的同步动力学

对于同步层中相位振荡器的相互作用,采用 Kuramoto 模型进行建模。模型中的每一相位振荡器,简称为相位振子。网络中所有具有邻居关系的相位振子,它们相互耦合依赖于彼此之间的相位差,耦合强度为平均场强度。

假定同步层由 N 个相位振子组成。其中,振子 i 在时刻 t 的振动相位定义为状态变量,记为 $\theta_i(t)$。根据 Kuramoto 模型,振子的演化遵循

$$\dot{\theta}_i = \omega_i + \sigma \sum_{j=1}^{N} A_{ij} \sin(\theta_j - \theta_i) \tag{8.11}$$

其中,A_{ij} 是同步层邻接矩阵 $\boldsymbol{A} = [A_{ij}]^{N \times N}$ 的元,σ 是平均耦合强度。ω_i 是振子的本征频率,它与节点在数据传输层中缓存的数据包大小成比例。在这里,设置为

$$\omega_i = N p_i^t \tag{8.12}$$

式(8.12)表明,如果节点流入的数据包越多,则节点数据转发活动越频繁,因而其本征频率越大。并且,设置网络中节点的平均本征频率为单位 1。

为了度量全局同步化程度,这里引入一个全局序参量 r,定义为

$$re^{i\varphi} = \frac{1}{N} \sum_{j=1}^{N} e^{i\theta_j} \tag{8.13}$$

如果 $r=1$,相位振子则完全同步,处于锁相状态。若 $r=0$,相位振子的振动则完全失步,处于漂移状态。若 $0<r<1$,则部分节点处于同步状态,其他节点处于漂移状态。

根据平均场理论,假设 Ω 为平均场的旋转角速度。我们建立一个准静态极坐标系作为参照系,它以角速度 Ω 相对于惯性系旋转,且它们的极轴重合。因此,对于任意相位振子在时刻 t,参照系下的角位移为

$$\phi_i = \theta_i - \Omega t \tag{8.14}$$

由式(8.14),式(8.11)可变换为

$$\dot{\phi}_i = (\omega_i - \Omega) + \sigma \sum_{j=1}^{N} A_{ij} \sin(\phi_j - \phi_i) \tag{8.15}$$

接下来,引入局部序参量,定义为

$$r_i e^{i\varphi_i} = \sum_{j=1}^{N} A_{ij} e^{i\phi_j} \tag{8.16}$$

其中，模 r_i 可解释为关于节点 i 的网络邻居的局部同步化程度。显然，局部序参量 $r_i \in [0, k_i]$。利用式(8.16)，式(8.15)化简为

$$\dot{\phi}_i = (\omega_i - \Omega) + \sigma r_i \sin(\varphi_i - \phi_i) \tag{8.17}$$

重要的是，式(8.17)可以描述振子 i 的动力学。如果满足条件

$$|\omega_i - \Omega| \leqslant \sigma r_i \tag{8.18}$$

振子 i 可以进入稳定不动点 ϕ_i^*，也就是说，振子将被吸引至一个同步群中，并被锁定相位。

特别地，该不动点可由以下方程刻画

$$(\omega_i - \Omega) + \sigma r_i \sin(\varphi_i - \phi_i^*) = 0 \tag{8.19}$$

如果不满足式(8.18)，则振子将无法达到不动点。亦即，该振子无法实现与其局部平均场的同步，将始终处于漂移状态。

为了简化起见，忽略漂移振子对局部序参量的贡献。因此，式(8.16)经整理后，改写为

$$r_i = \sum_{|\omega_j - \Omega| \leqslant \sigma r_j} A_{ij} e^{i(\phi_j - \varphi_i)} \tag{8.20}$$

现在，考虑两个简化假设

$$\begin{cases} \varphi_i \approx \varphi_j \\ r_i \approx r k_i \end{cases} \tag{8.21}$$

如果网络能够进入一个同步簇，并且相邻节点 i 和 j 都处于锁相状态。那么，节点 i 和 j 的局部平均场相位近似相等是合理的。

同理，各个局部序参量与其节点的度大小的比例系数近似相同，该近似值即为全局序参量。所以，上述两个简化假设是合理的。

将式(8.20)的右边，按照欧拉公式展开，同时考虑上述的简化假设，以及稳定不动点满足式(8.19)。

最后，可获得如下方程，形如

$$r k_i = \sum_{|\omega_j - \Omega| \leqslant \sigma r k_j} A_{ij} \left[\sqrt{1 - \left(\frac{\omega_j - \Omega}{\sigma r k_j}\right)^2} + i \frac{\omega_j - \Omega}{\sigma r k_j} \right] \tag{8.22}$$

对上述方程，关于指标 i 进行求和，可得

$$\begin{cases} r = \dfrac{1}{N\langle k\rangle} \displaystyle\sum_{|\omega_j - \Omega| \leqslant \sigma r k_j} k_j \sqrt{1 - \left(\dfrac{\omega_j - \Omega}{\sigma r k_j}\right)^2} \\[4ex] \Omega = \dfrac{\displaystyle\sum_{|\omega_j - \Omega| \leqslant \sigma r k_j} \omega_j}{\displaystyle\sum_{|\omega_j - \Omega| \leqslant \sigma r k_j} 1} \end{cases} \tag{8.23}$$

式(8.23)是一个自治方程,通过迭代可分别求得全局同步序参量和平均场旋转角速度。

需要注意的是,如果网络的同步化程度足够强,则平均场旋转角速度将近似等于振子本征频率的平均值,该平均值等于1。

在热力学极限的条件下(即 $N \to \infty$),式(8.23)可写为积分形式,如下:

$$\begin{cases} r = \dfrac{1}{\langle k\rangle} \displaystyle\int_{|\omega - \Omega| \leqslant \sigma r k} h(k,\omega)k \sqrt{1 - \left(\dfrac{\omega - \Omega}{\sigma r k}\right)^2} \, dk\,d\omega \\[3ex] \Omega = \displaystyle\int_{|\omega - \Omega| \leqslant \sigma r k} h(k,\omega)\omega \, dk\,d\omega \end{cases} \tag{8.24}$$

其中,$h(k,\omega)$ 是参数空间 k-ω 的联合概率分布。

如果本征频率和网络度之间相互独立,即 $h(k,\omega) = p(k)g(\omega)$。则式(8.24)可写为

$$\begin{cases} r = \dfrac{1}{\langle k\rangle} \displaystyle\int_{|\omega - \Omega| \leqslant \sigma r k} p(k)g(\omega)k \sqrt{1 - \left(\dfrac{\omega - \Omega}{\sigma r k}\right)^2} \, dk\,d\omega \\[3ex] \Omega = \displaystyle\int_{|\omega - \Omega| \leqslant \sigma r k} p(k)g(\omega)\omega \, dk\,d\omega \end{cases} \tag{8.25}$$

值得注意的是,在多层网络模型中,由于同步层和数据传输层之间动力学的相互影响,所以本征频率和网络度之间存在着相关性。其中,本征频率分布不仅依赖于同步层的网络度,而且受数据传输层的网络结构的影响。

综上,多层耦合模型的无线传感器网络的全局同步化,将采用式(8.23)来进行描述和分析。

8.4 数值模拟及其同步相变分析

基于多层耦合动力学模型,本小节将进行数值模拟及其同步相变分析。首先,我们设置关键模拟参数。其次,模拟并分析同步序量以及有效频率分别随耦合

强度的变化关系。最后,研究有偏随机游走诱发网络的同步相变。

8.4.1 模拟参数设置

在模拟实验开始时,首先,我们设置初始条件。其中,包括数据传输层数据包的节点分布,以及同步层相位振子的相位分布。其次,利用四阶龙格-库塔的数值积分方法,对动力学演化方程进行模拟。最后,分析无线传感器网络的同步相变行为。

具体模拟实验参数的设置分为四个部分,分别是系统初始化、动力学参数、数值模拟参数和定态解分析。

1. 系统初始化

在 $[0,2\pi]$ 区间,为每一个振子均匀分配一个初始相位。在数据传输层上,随机指定数据包处于节点的概率分布。

2. 动力学参数

通过调节调谐参数 α,控制数据包的偏好转发,从而改变数据传输层上数据包的分布。另一个重要的动力学参量是同步层的耦合强度,耦合强度递增意味着传感器节点更容易受周围其他传感器节点的影响,反之亦然。

3. 数值模拟参数

利用四阶龙格-库塔的方法进行数值模拟。模拟时间跨度为 20,步长为 0.01,进行 2 000 次迭代计算。

4. 定态解分析

对于实验结果,我们将分析数据传输层数据包分布进入稳态时的情形。同样,观察系统进入稳态时,同步层序量以及节点有效频率分别随耦合强度的变化情形。通过调节调谐参数,观察有偏随机游走对同步行为的影响。

8.4.2 爆炸性同步相变

在模拟实验中,固定数据包偏好转发的调谐参数,模拟耦合强度对系统同步的影响。首先,设定数据包偏好转发的调谐参数为 $\alpha=1.0$。其次,改变耦合强度,观察稳态时同步行为的变化情况。变化过程分为正向变化过程和反向变化过程,并令耦合强度的变分为 $\delta\sigma=0.01$。其中,在正向变化过程中,耦合强度从 $\sigma=0$ 开始,每次演化递增一个变分,即 $\sigma_{n+1}=\sigma_n+\delta\sigma$。连续演化并不断增加耦合强度,一直到 $\sigma=1$ 为止。在反向变化过程中,耦合强度从 $\sigma=1$ 开始,每次演化后递减一个变分,即 $\sigma_{n+1}=\sigma_n-\delta\sigma$,不断递减耦合强度,直到 $\sigma=0$ 结束。

图 8-5 给出了同步序参量关于耦合强度的变化曲线。其中,方块曲线表示正向变化过程。可以看出,系统的同步相变属于非连续变化,存在一个阈值 $\sigma_c=0.3$。当系统的耦合强度小于该阈值时,序参量近似为零,这表明网络处于非同步状态。当序参量经过相变点时,序参量出现非连续跳变,达到近似为 1 的值。这表明系统由非同步态转变为同步态是一种爆炸性的同步。另外,反向变化过程表示为图 8-5 中的圆点曲线。观察发现,在系统耦合强度在减小的过程中,经过相变点 $\sigma_c=0.20$ 后,会发生不连续跳变,系统从同步态转变到非同步态。在去同步化过程中,新的相变点较同步化的相变点要小,出现了明显的迟滞回路。这种迟滞现象是一级相变的典型特征,具有类似的惯性效应,能够保证网络有节律地同步振荡。

该实验结果很好地解释了在数据传输的诱导下,无线传感器网络能够发生大规模的同步行为。为了更深入地理解这种诱发爆炸性同步的行为,计算并绘制了网络中传感器节点的平均有效频率随耦合强度的变化曲线以便更加直观地观察每个节点随耦合强度进入同步的过程。图 8-6 给出了调谐参数 $\alpha=1.0$ 时,系统中节点的有效频率随耦合强度递增的变化曲线。从图 8-6 中的曲线,我们可以明显观察到,在相变点处出现了一级相变的同步行为,即网络中绝大多数节点的有效频率突然进入锁频状态,平均频率近似等于 1,这与上述理论分析相互吻合。

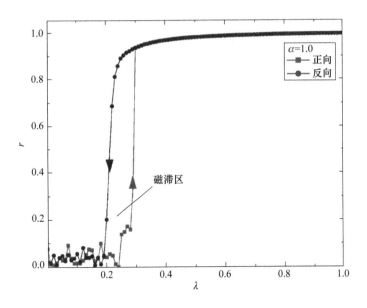

图 8-5 同步序参量关于耦合强度的变化曲线

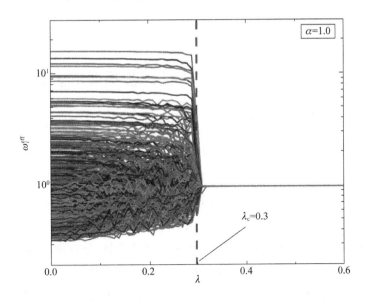

图 8-6 调谐参数 $\alpha=1.0$ 时,节点有效频率随耦合强度的变化曲线

为了确认这一现象,我们重新设置调谐参数 $\alpha=1.5$。与此同时,其他条件不变的情形下,进行了相同的实验。调谐参数 $\alpha=1.5$ 时,节点有效频率随耦合强度的变化曲线如图 8-7 所示,其中同样出现了爆炸性同步相变。

该重复实验进一步说明,数据传输诱导的爆炸性同步是存在的,而且这种一级相变现象具有鲁棒性。

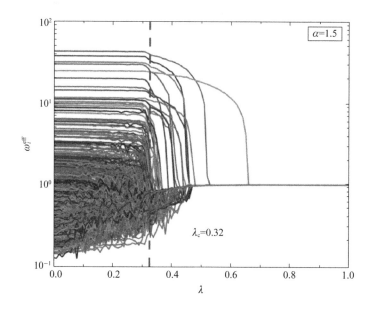

图 8-7　调谐参数 $\alpha=1.5$ 时，节点有效频率随耦合强度的变化曲线

8.4.3　数据包偏好转发对爆炸性同步相变的影响

模拟实验结果已经验证，在建立的多层动力学模型中，数据传输层数据包的偏好传输能够诱发网络节点的爆炸性同步。在数据包偏好规则确定的情形下，连续改变节点间的耦合强度至相变点，则会诱发网络中绝大多数节点实现同步。具体而言，大量节点的有效频率会突然跃变并保持一致，导致节点之间保持固定的相位关系，从而使系统整体呈现从非同步态向同步态的爆炸性转变。

本小节，我们将通过连续改变偏好规则的调谐参数，分析数据包偏好转发对爆炸性同步相变的影响。根据上述理论分析，调谐参数的大小可实现对数据包偏好转发的调控。当调参指数大于零（小于零），数据包优先向对应于同步层中度大（度小）的节点转发。当调谐参数为零，数据包的转发是无偏好、随机的。

因此，在考察数据包偏好转发的调谐参数为正时，我们设置调谐参数分别为 1.5,1.2,0.9,0.6,0.3。同样地，对于无偏好或偏好小度节点时，我们取调谐参数分别为 0,-0.15,-0.35,-0.5。最后进行模拟，并绘制同步序参量依赖耦合强度的关系曲线。

图 8-8 是当调谐参数大于零时,同步序参量依赖耦合强度的关系曲线。我们可以发现,当偏好同步层度大的节点时,系统存在一个相变点。经过该点后,同步相变出现爆炸性的不连续跳变,且同步序参量接近于 1。这表明,系统呈现出爆炸同步。同时,随着调谐参数的增加,相变点也逐渐向后移动。这表明,系统节点需要更大的相互作用力才能发生同步。

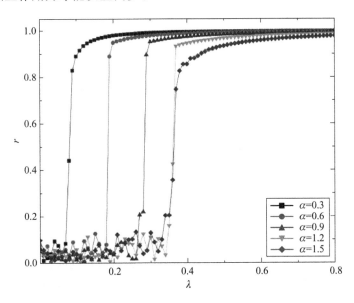

图 8-8　调谐参数大于零时,同步序参量依赖耦合强度的关系曲线

图 8-9 给出了当调谐参数小于等于零时,同步序参量依赖耦合强度的关系曲线。从图 8-9 中我们可以观察到,当调谐参数小于等于零(即数据包转发无偏和偏好同步层度小的节点)时,不存在相变点。这意味着,很小的相互作用,系统就开始发生同步化行为。但是,该同步化是一个连续变化过程,类似于二级相变过程。这一过程的可能原因是网络中度小的节点形成的同步簇在不断扩散变大。

综合图 8-8 和图 8-9 的模拟结果,我们发现了一个有趣的结论。在数据包转发偏好规则的扰动下,能够使同步相变产生有趣的交叉现象。即同步序参量对耦合强度的依赖会随着调谐参数改变而变化;当调谐参数大于零时,依赖关系是非连续变化的;而当调谐参数不大于零时,依赖关系转变为连续变化。利用这些特性,我们可以有效地控制无线传感器网络的全局同步。

特别地,通过前面的模拟实验结果分析,我们已经了解到,当数据包偏好游走的调谐参数大于零时,同步序参量对耦合强度的依赖关系存在明显的迟滞现象。其中,

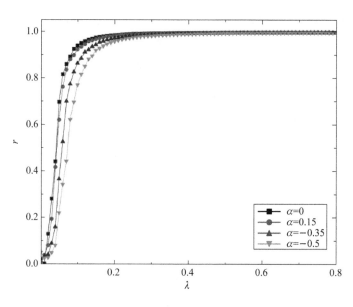

图 8-9　调谐参数小于等于零时,同步序参量依赖耦合强度的关系曲线

正向变化和反向变化过程中,序参量出现不连续跳变的相变点,并不相同。也就是说,该种系统类似于一个绝热过程,它的吸热和放热过程是不可逆的,存在着潜热现象。这种迟滞现象将有利于网络实现同步后,维持有节律的时钟一致振荡。

为了进一步加深理解,如图 8-10 所示,我们考察了调谐参数-耦合强度的相空间上的同步行为。我们设置调谐参数区间 $\alpha \in [-0.5, 1.5]$,耦合强度变化区间为 $\lambda \in [0, 1]$。经数值模拟后,绘制同步序参量对平面 α-λ 的依赖。

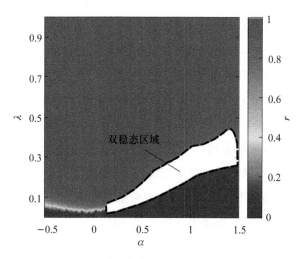

图 8-10　同步序参量对平面 α-λ 的依赖

图 8-10 显示,同步相变中存在一个明显的白色区域,该区域被称为双稳态区域。当调谐参数 $\alpha \approx 0.2$ 时,系统开始出现一级相变。随着调谐参数递增,相变点增大。其中,上面的分界线是在正向变化过程中,形成的非连续相变的轨迹;下面的分界线是在反向变化过程中,去同步化相变的轨迹。在这两条分界线中间包围的区域内,由于共同存在着同步和去同步的两种稳定状态,所以称为双稳态区域。

双稳态不同于单稳态。双稳态系统对于单一信号输入,存在两个稳定状态输出。它广泛存在于各种系统中,维持着系统的周期性运动。研究显示,大量系统的极化现象都与双稳态有关。在多层动力学模型中,同样发现了双稳态现象,表现为系统的相变过程不可逆。因此,在双稳态区域内,系统存在两种可交替变化的稳定状态。另外,双稳态能够保证系统不受环境噪声的影响,稳定维持全网同步且有节律的活动。

模型的双稳态区域具有较明显的健壮性(图 8-10)。在调谐参数较宽的范围内,爆炸性同步相变持续存在,并且迟滞回路的宽度也比较宽,能够稳定时钟脉冲信号的同步输出,避免环境噪声的干扰,满足大规模网络同步所需要的灵活且快速的同步机制。

为了更深入理解数据包偏好转移对上述同步机制的作用,我们研究了数据包游走进入稳态时的分布。调谐参数分别被设置为 0.1 和 0.8,其中,前者的同步相变属于二级相变,后者属于一级相变。

我们的实验结果(图 8-11)显示,当调谐参数为 0.1 时,数据传输层的数据包分布具有明显的标度特征。也就是说,节点上分布的数据包具有同质性,它对同步层中动力学的影响大致相同,导致相变过程是连续的。

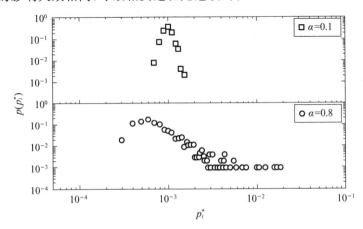

图 8-11　在不同调谐参数下,数据包游走进入稳态时的分布

当调谐参数等于 0.8 时,数据传输层中的数据包分布具有显著的异质性。其中,存在缓存大量数据包的 Hub 节点,所以诱发了同步层中的相变表现为非连续的爆炸性同步。

本 章 小 结

前期,我们探究了脑神经网络中的爆炸性同步现象。在此基础上,本章类比性地将其引入无线传感器网络的同步设计中,并进行了重新阐述。首先,我们利用无线通信协议栈,在数据传输网络的基础上,建立了一个逻辑网络,称之为同步层。同步层与数据传输层组成了一个双层网络模型。其中,同步层的网络结构建模为 BA 模型,数据传输层为 ER 模型。同步层上的动力学描述为非线性耦合相振子的 Kuramoto 模型,而数据传输层描述为马尔科夫过程的有偏好的随机游走模型。由于网络节点是同一个物理节点,所以双层动力学相互影响。同步层的网络节点的度大小负责调节数据包在数据传输层中的偏好游走。反之,数据包游走的节点分布影响同步层节点活动的频繁程度。

阐释结果表明,数据传输驱动下的网络能够实现全局同步。一方面,在固定数据包偏好规则的条件下,网络同步序参量对耦合强度的依赖变化,表现出同步相变。阐释中更加有趣的发现是,改变偏好规则将导致相变的交叉现象。当调谐参数大于零时,同步相变是非连续性的,类似于物质相变中的一级相变,被称为爆炸性同步。而当调谐参数小于等于零时,相变行为转变成了连续相变。另一方面,在参数空间中,爆炸性相变出现了鲁棒的双稳态区域。这表明系统的同步活动能够抵消一定的环境噪声。在设计无线传感器网络同步时,能够利用这一性质较稳健地实现全网的同步。

重要的是,利用上述两方面的结论,将有助于我们调控尺度较大的无线传感器网络的全局同步,并维持网络稳定且有节律的运行。

第 9 章

具有异质性的网络同步动力学

在无线传感器网络中,节点间的相互作用强度往往不同,导致耦合强度具有异质性。大量研究发现,用于传感器网络的无线通信技术属于短距离、分布式、统计复用的通信协议。节点对无线信道资源占用和数据通信质量往往存在差异,因此在建模时需要考虑耦合强度异质性这一因素及其对同步行为的影响。

基于上述考虑,本章类比神经网络中的突触强度,我们采用实验室原有的动力学模型和数值计算结果[100],重新阐释在无线传感器网络中考虑异质性耦合强度作用下的网络全局同步设计的构思。

9.1　同步层异质边加权

在多层动力学模型的基础上,给同步层的网络连边增加权重,用以描述耦合强度的差异性。考虑到当两个传感器节点之间的边权较大时,无线电信号的数据传输效率较强;否则,信号会不断衰减,并导致数据传输效率低下。在这里,我们选择图神经网络提取同步层的异质边信息。

9.1.1　图神经网络简介

图论是分析复杂网络有力的数学工具。特别是,在静态情形下,复杂网络自然地建模为一个图结构。复杂网络的许多统计特征,如度分布、最短路径、聚类系数等,均可反映在图的结构数据中。

  图是一种广泛应用的数据结构。在现实世界中,大量的复杂系统均可以描述为图的数据结构,不仅包括物理系统,还包括人工系统。例如,交通网络、社交网络、互联网、无线传感器网络等。图的数据空间是一种非欧几里得空间。因此,传统的机器学习算法,通常不能很好地处理图数据。为此,Gori 等提出了一种基于图的深度学习模型,被称为图神经网络[104-105]。典型的图神经网络会将图的结构信息以及特征属性(主要包括节点属性、边属性、图的信息等)结合起来,然后利用神经网络进行端到端的表示学习。目前,随着不断深入研究和扩展,图神经网络已经成为一种具有强大性能和高可解释性的图分析工具。

  图神经网络的边权信息提取是一种启发式的深度学习过程。图神经网络利用感受野机制挖掘网络结构信息和特征属性,训练神经网络,并最终获得图的边权信息。关于边权学习,图神经网络相较于其他算法,其最大优点是无须指定相似性指标,它可以自适应地学习边权[106-110]。我们很自然的想法是,将同步层的耦合作用强度的预测问题转化为学习同步层数据结构的边权问题。

9.1.2 异质边学习模型

  图卷积神经网络是图神经网络的重要变体。它包括图卷积层和神经网络,其中,图卷积层由参数共享和可学习的一组卷积核(从图信号处理的视角,称为滤波器)组成。图卷积神经网络的工作模式可自适应地分析同步层的网络结构信息以及节点的属性特征。因此,考虑到异质边学习以及计算复杂度,我们选择基于谱图的图卷积网络构建计算模型[111-112]。

  给定二元组 $G = (V, E)$ 表示图。V 是节点集,大小为 $|V| = N$。E 是边的集合,如果节点 i 和 j 存在连边,则 $(i,j) \in E$。图 G 的二进制编码为矩阵 $\boldsymbol{A} = [A_{ij}]^{N \times N}$,称为邻接矩阵。如果 $(i,j) \in E$,则矩阵元素 $A_{ij} = 1$,其他 $A_{ij} = 0$。其中,每一节点 i 的度 $k_i = \sum_{j=1}^{N} A_{ij}$。假设图信号 $\boldsymbol{x} = (x_1, \cdots, x_N)^\mathrm{T}$,其中分量 x_i 为节点 i 的属性向量。

  图的拉普拉斯矩阵定义为度矩阵减去邻接矩阵,记为 $\boldsymbol{L} = \boldsymbol{D} - \boldsymbol{A}$。其中,度矩阵为一个对角阵 $\boldsymbol{D} = \mathrm{diag}(k_1, \cdots, k_N)$。显然,拉普拉斯矩阵为实的对称矩阵,即有 $\boldsymbol{L} = \boldsymbol{L}^\mathrm{T}$。因此,其特征分解为

$$\boldsymbol{L} = \boldsymbol{V} \Lambda \boldsymbol{V}^{-1} = \boldsymbol{V} \begin{bmatrix} \lambda_1 & & \\ & \ddots & \\ & & \lambda_N \end{bmatrix} \boldsymbol{V}^{-1} \tag{9.1}$$

其中:$V=(v_1,\cdots,v_N)$是单位特征列向量组成的特征矩阵;$\Lambda=\mathrm{diag}(\lambda_1,\cdots,\lambda_N)$是由特征值组成的对角阵;$\lambda_i$和$v_i$分别为矩阵$L$的第$i$个特征值以及对应的特征向量。由于矩阵$V$是正交矩阵,即有$VV^{\mathrm{T}}=I$(单位阵),所以,式(9.1)可重新改写为

$$L=V\Lambda V^{\mathrm{T}} \tag{9.2}$$

特征分解式(9.2)表明,得到的 N 个线性无关的特征向量可构成空间中的一组正交基。因此,归一化拉普拉斯矩阵算子的特征向量,事实上,就构成了图傅里叶变换的基。图信号的傅里叶变换操作,即表示为特征向量的线性组合。亦即,将图信号投影到了正交空间。

由此,定义作用于图的傅里叶变换为

$$F(\lambda_k)=\hat{x}(\lambda_k)=\sum_{i=1}^{N}x_i v_k^i=\langle x,v_k\rangle \tag{9.3}$$

其中,x 是输入图信号,x_i 表示节点 i 的特征。v_k^i 表示第 k 个特征向量的第 i 个分量。x 的图傅里叶变换实际上是 x 与特征值所对应的特征向量作内积。特征值 λ_k 类似于频谱中的第 k 个频率。考虑所有频谱,用矩阵表示,形如

$$\begin{bmatrix} \hat{x}(\lambda_1) \\ \hat{x}(\lambda_2) \\ \vdots \\ \hat{x}(\lambda_N) \end{bmatrix} = \begin{bmatrix} v_1^1 & \cdots & v_1^N \\ \vdots & & \vdots \\ v_N^1 & \cdots & v_N^N \end{bmatrix} \begin{bmatrix} x_1 \\ x_2 \\ \vdots \\ x_N \end{bmatrix} \tag{9.4}$$

式(9.4)变形为矩阵表示的图傅里叶变换(Graph Fourier Transform,GFT)为

$$\hat{x}=V^{\mathrm{T}}x \tag{9.5}$$

由此可得,拉普拉斯矩阵较小的特征值对应于傅里叶变换的低频部分,这意味着提取输入图信号的局部平滑部分。反之,则提取局部变化剧烈的部分。

根据拉普拉斯矩阵的特征向量矩阵的正交化,对傅里叶变换式(9.5)的两边同时左乘以特征矩阵,即可得到傅里叶变换的逆变换(Inverse Graph Fourier Transform,IGFT)为

$$x=V\hat{x} \tag{9.6}$$

事实上,我们利用图傅里叶变换可以捕获到输入图的结构信息中的细微变化。

图傅里叶变换旨在简化空间域的卷积运算。卷积定理告诉我们,图信号的空域卷积的傅里叶变换等价于信号在频域内的乘积。如此,将复杂的卷积运算转化为简单的乘积运算。给定图信号 x_1 和 x_2,其卷积转化为

$$\begin{aligned}
\boldsymbol{x}_1 * \boldsymbol{x}_2 &= F^{-1}(F(\boldsymbol{x}_1) \odot F(\boldsymbol{x}_2)) \\
&= \boldsymbol{V}((\boldsymbol{V}^{\mathrm{T}}\boldsymbol{x}_1) \odot (\boldsymbol{V}^{\mathrm{T}}\boldsymbol{x}_2)) \\
&= (\boldsymbol{V}\,\mathrm{diag}(\hat{\boldsymbol{x}}_1)\boldsymbol{V}^{\mathrm{T}})\boldsymbol{x}_2
\end{aligned} \tag{9.7}$$

其中,$\boldsymbol{V}\,\mathrm{diag}(\hat{\boldsymbol{x}}_1)\boldsymbol{V}^{\mathrm{T}}$ 称为图滤波器,对角阵 $\mathrm{diag}(\hat{\boldsymbol{x}}_1)$ 称为频率响应矩阵。不同的频响矩阵对应于各种不同性质的图滤波器,诸如高通滤波器、低通滤波器、带通滤波器等。

由式(9.7)可见,图卷积操作等价于图滤波操作。对此,将频响矩阵参数化为可学习的矩阵,则图的卷积层可设计为

$$\begin{aligned}
\boldsymbol{X}^{l+1} &= \sigma \left(\boldsymbol{V} \begin{bmatrix} \theta_1 & & & \\ & \theta_2 & & \\ & & \ddots & \\ & & & \theta_N \end{bmatrix} \boldsymbol{V}^{\mathrm{T}} \boldsymbol{X}^l \right) \\
&= \sigma(\boldsymbol{V}\,\mathrm{diag}(\theta)\boldsymbol{V}^{\mathrm{T}}\boldsymbol{X}) \\
&= \sigma(\boldsymbol{H}\boldsymbol{X})
\end{aligned} \tag{9.8}$$

其中,$\sigma(\cdot)$ 是一个非线性的激活操作,θ 为一组共享的可学习参数,$\boldsymbol{X}^l \in \mathbb{R}^{N \times d}$ 是 $(l+1)$ 卷积层的输入图信号拼接矩阵,d 是信号的通道数(特别地,它是节点聚合特征向量的维数),$\boldsymbol{X}^{l+1} \in \mathbb{R}^{N \times m}$ 是 $(l+1)$ 卷积层的输出图信号矩阵。

综上所述,图卷积层需要对拉普拉斯矩阵进行谱分解,并连续进行 3 次矩阵相乘操作。同时,学习参数与网络尺度大小一致。因此,节点特征更新比较耗时,尤其是在网络尺度较大的情形下。另外,由于参数过多,可能会导致模型的泛化能力变差。为了减少参数量以降低时间复杂度,Kipf 等[108] 提出了以下改进的变体,如下

$$\boldsymbol{X}^{l+1} = \sigma(\widetilde{\boldsymbol{L}}_{\mathrm{sym}}\boldsymbol{X}^l\boldsymbol{W}) \tag{9.9}$$

该变体使用了固定的图滤波器 $\widetilde{\boldsymbol{L}}_{\mathrm{sym}}$,并增加了一个可学习的参数化权重矩阵 $\boldsymbol{W}$。然后,对输入图信号进行变换。其中,

$$\begin{cases}
\widetilde{\boldsymbol{L}}_{\mathrm{sym}} = \widetilde{\boldsymbol{D}}^{-\frac{1}{2}} \widetilde{\boldsymbol{A}} \widetilde{\boldsymbol{D}}^{-\frac{1}{2}} \\
\widetilde{\boldsymbol{A}} = \boldsymbol{A} + \boldsymbol{I} \\
\widetilde{D}_{ii} = \sum_{j=1}^{N} \widetilde{A}_{ij}
\end{cases} \tag{9.10}$$

可见,$\widetilde{\boldsymbol{L}}_{\mathrm{sym}}\boldsymbol{X}^l$ 等价于中心节点 i 对其一阶邻居进行特征向量的聚合操作。即

$$\begin{cases} x^{l+1} = \sigma\big(\big(\sum_{j \in N(i)} \widetilde{L}_{\mathrm{sym}}[i,j] x_j^l \big) w \big) \\ \widetilde{L}_{\mathrm{sym}}[i,j] = \dfrac{1}{\sqrt{k_i k_j}} \end{cases} \tag{9.11}$$

该固定的图滤波器由于仅考虑一阶邻域,降低了捕获结构信息的能力。在实际应用中,可通过增加卷积层的深度提高感受野。相关研究发现,深度 2～3 层性能较好。但是,随着层数的增加,性能反而下降。在这里,模型的可训练参数变成了权重矩阵。

现在,我们基于上述图卷积网络设计目标网络的边权的计算模型。具体来说,就是根据已知的网络结构信息,提取特征并计算网络连边权重。它主要包含两个算子操作。第一个操作是,图卷积网络对节点信息进行传递和聚合,称为编码器。第二个操作是,根据图卷积网络的输出,计算节点间的相关性,进而得出连边权重得分,称为解码器。编、解码器的形式化,为

$$\begin{cases} h_i^{\mathrm{out}}, h_j^{\mathrm{out}} = \mathrm{GCN}(v_i, v_j) \\ pr(v_i, v_j) = \phi(h_i^{\mathrm{out}}, h_j^{\mathrm{out}}) \end{cases} \tag{9.12}$$

具体地,基于 Pytorch 动态计算框架构建边权计算模型。编码器部分设置了两个图卷积层。通过该算子聚合节点的邻居、邻居节点的邻居的二阶特征信息,获得中心节点的表征信息。即节点的状态嵌入输出。

对任意节点,有

$$\begin{cases} \boldsymbol{h}_i^{(1)} = \sigma\Big(\sum_{j \in N(i) \cup \{i\}} \dfrac{1}{\sqrt{k_i k_j}} \boldsymbol{h}_j^{(0)} \boldsymbol{W}^{(0)} \Big) \\ \boldsymbol{h}_i^{(2)} = \sigma\Big(\sum_{j \in N(i) \cup \{i\}} \dfrac{1}{\sqrt{k_i k_j}} \boldsymbol{h}_j^{(1)} \boldsymbol{W}^{(1)} \Big) \end{cases} \tag{9.13}$$

其中,$\boldsymbol{h}_j^{(0)} = \boldsymbol{x}_j$ 为输入图节点的特征向量,$\boldsymbol{h}_i^{(1)}$ 和 $\boldsymbol{h}_i^{(2)}$ 分别是第 1,2 图卷积层的节点的聚合特征输出。$\boldsymbol{W}^{(0)}$ 和 $\boldsymbol{W}^{(1)}$ 分别是图卷积层中滤波器的连接权重,它们是可学习的参数矩阵。激活函数 $\sigma(\cdot)$ 定义为 ReLU 函数,即 $f(x) = \max\{0, x\}$,定义域 $x \in R$。

解码器部分将编码器的节点的状态嵌入输出进行内积计算,通过节点间的内积运算得出它们的相关性,并记为网络成对节点间的连边权重。它表征为异质边耦合强度,其计算公式为

$$pr(v_i, v_j) = \langle \boldsymbol{h}_i^{(2)}, \boldsymbol{h}_j^{(2)} \rangle \tag{9.14}$$

9.1.3　异质边学习模型训练

异质边学习模型采用有监督的学习。首先,针对模型的同步层进行采样,随机选择部分连边作为正样本,剩余的连边视为负样本。由于同步层是一个 BA 模型的无标度网络,所以连边是稀疏的。为了避免正负样本的非平衡问题,在每轮训练时,我们简单地通过随机采集等比例的负样本的方式来解决。其次,利用这些样本进行模型训练。最后,向训练后的模型输入同步层的网络信号,以预测异质边得分。该得分作为网络中成对节点间的相互作用强度的度量指标值。

在模型训练过程中,我们使用正负二分类任务中典型的交叉熵作为目标函数,其定义如下

$$
\begin{aligned}
loss &= H(\boldsymbol{Y}) \\
&= -\sum_m y_m \ln(\sigma(p(y_m))) + (1-y_m)\ln(1-\sigma(p(y_m)))
\end{aligned}
$$

(9.15)

其中:$p(y_m)$ 表示第 m 条边的强度,可由模型解码器计算得到;y_m 表示第 m 条边的标签;σ 表示 sigmoid 型的激活函数。

针对交叉熵的误差反向传播,采用梯度下降优化器(学习率被设置为 0.01)来执行参数更新。最后,采样新的测试集对训练后的模型进行测试,以评估交叉熵损失函数。

交叉熵损失函数对训练次数的依赖关系如图 9-1 所示。首先,当模型训练 100 次后,损失函数开始逐渐收敛。此次训练我们共进行了 500 次。其次,导出网络中所有成对节点间的耦合强度,并与网络的邻接矩阵做点乘,消除不存在的连边关系。最后,得到同步层的异质边耦合强度矩阵。

接下来,我们分析耦合强度的概率分布。如图 9-2(a)所示,耦合强度的取值范围为 $w \in [0.16, 2.87]$,统计均值为 $\langle w \rangle = 0.4051$。其中,绝大多数强度值为 0.2~0.5。图中的分布曲线为对数正态分布,具有明显向右偏斜的长尾特性,这表明存在强度值较大的连边,但这样的连边极少,大部分连边的强度在均值附近。

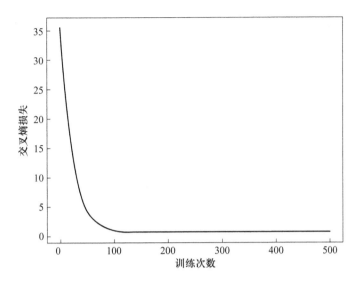

图 9-1　交叉熵损失函数对训练次数的依赖关系

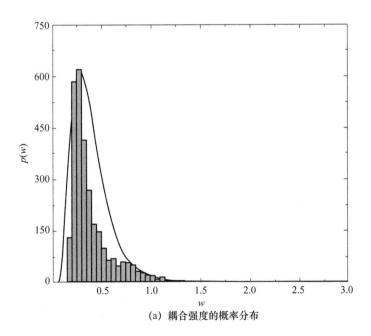

(a) 耦合强度的概率分布

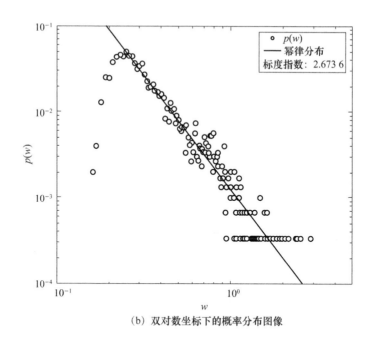

（b）双对数坐标下的概率分布图像

图 9-2　异质性耦合强度的概率分布

图 9-2(b)是耦合强度分布在双对数坐标系下的图像，经拟合得出其概率分布服从典型的幂律分布 $p(w) \sim w^{-2.6736}$，幂指数等于 2.673 6。

节点的强度定义为邻居边权的累加和，记为 $s_i = \sum_{j \in N(i)} A_{ij} w_{ij}$。该定义式表明，节点强度聚合了局域的结构信息以及连边上相互作用的强度信息。图 9-3(b) 显示，网络节点的聚合强度概率分布具有幂律分布的形式。其取值范围是 $s \in [0.54, 93.11]$，统计均值为 $\langle s \rangle = 2.4255$。其中，大部分节点的强度为 $0.5 \sim 2$。在双对数坐标系下，强度概率分布近似为负斜率直线，服从幂律的分布 $p(s) \sim s^{-1.6342}$，度指数是 1.634 2。

相较于网络节点的度分布（图 9-3(a)）而言，在考虑异质边耦合强度信息的情形下，它们的概率分布形式没有发生较大的变化。两者都具有明显的长尾特性，在双对数坐标系下符合幂律分布特征。因此，网络依然保持了较强的异质性。

它们的区别之处主要是，节点强度的最小值以及均值更小。这表明，网络中度小的节点在聚合耦合强度信息后，节点的重要性进一步降低，从而导致网络节点强度分布具有更强的异质性，而度大的节点受到的影响则较小。

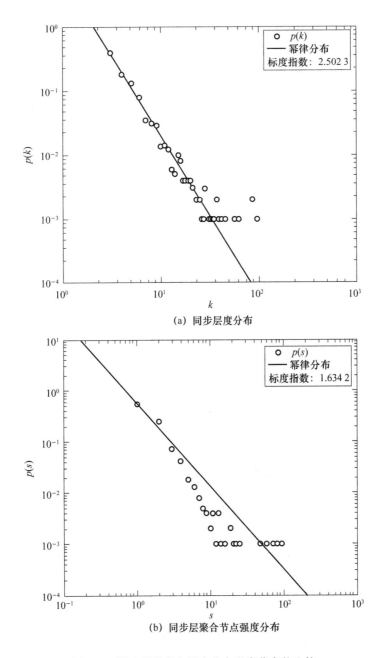

(a) 同步层度分布

(b) 同步层聚合节点强度分布

图 9-3　同步层的度和聚合节点强度分布的比较

　　为了更好地理解网络结构与聚合强度的关系,我们研究了它们之间的相关性。网络节点的聚合强度与节点度的相关关系如图 9-4 所示。它们之间存在着强的正相关,线性拟合的比例尺度为 1.398 43。该结果表明,节点度与强度具有较强的相关性。亦即,随着相邻节点数量的增长,消息传递的信息量成比例增长。

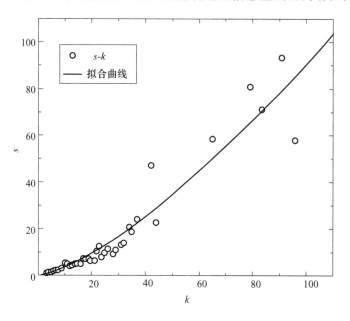

图 9-4　网络节点的聚合强度与节点度的相关关系

结合 BA 模型,观察具有异质边的网络的统计特征。同步层使用的 BA 模型,具有较小的平均路径长度,网络具有小世界和无标度特征。在此,我们计算具有异质性耦合强度的网络的统计特性,主要统计特性参数见表 9-1。

表 9-1　具有异质性耦合强度的网络的主要统计特性参数

网络模型	平均度/强度	平均路径长度	平均聚类系数
同步层无权网络	5.988 0	3.449 3	0.034 3
同步层加权网络	2.425 5	2.860 0	0.007 3

表 9-1 显示,具有异质边的网络的平均路径为 2.860 0,它具有更短的平均路径长度,相较于 BA 模型下降了 17%。这表明,在无线传感器网络中,传感器之间的信息交互具有更高的效率,也更为节能。它们的聚类系数均较小,这反映了两种网络的聚集性都较弱。

上述结果表明,模型计算得到的成对节点间的耦合强度,服从具有向右偏斜的长尾的幂律分布。在同步层中,较大耦合强度往往集中于少数成对节点之间的作用上。这意味着,这些传感器节点长时间处于高强度的信号交互模式中。同时,其他大部分传感器节点处于低强度信号模式,所以表现为具有较小的耦合强度。

综上,构建的图卷积网络异质边计算模型预测的耦合强度,与无线传感器网络的分析结果相符。因而,为下面的多层异质性动力学模型提供了物理支撑。

9.2 具有异质性的多层网络模型及其同步动力学

9.2.1 异质性多层网络模型

基于具有异质耦合强度的同步层和多层网络模型,建立具有异质性的多层动力学模型。该模型如图 9-5 所示,多层网络中的同步层是具有异质边的无标度网络模型,其中,异质边代表耦合强度的异质性。

同步层与数据传输层之间相互交织。同步层的网络节点的聚合强度调节数据传输的偏好性。反之,在数据传输过程中,数据包缓存的分布影响传感器节点转发数据的快慢。因此,同步层的动力学可描述为异质性非线性耦合相振子,而有偏随机游走,则刻画数据传输层上数据包转发的动态过程。

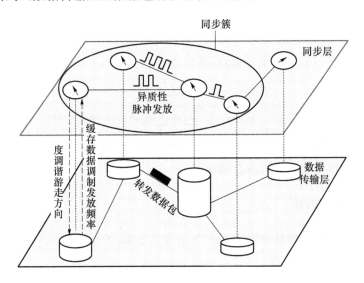

图 9-5 具有异质性的多层动力学模型

9.2.2　异质性多层网络同步动力学

异质性双层交互动力学过程非常复杂。下面我们分别就数据传输层和同步层的动力学过程进行阐明。

1. 数据传输层动力学

不同于第 8 章所介绍的有偏随机游走,此处的偏好规则依赖于同步层上的节点强度。由于异质性同步层的节点强度聚合了局域拓扑和异质性耦合强度的信息,所以能更好地反映节点的局域信息能力。

为此,我们设定偏好规则函数为

$$f_i = s_i^\alpha \tag{9.16}$$

其中:s_i 是同步层中节点 i 的聚合强度;α 是偏好调谐参数,负责数据包在马尔科夫游走过程中的转发方向。

则数据包在离散时间步长 Δt 内,从节点 j 转发至节点 i 的概率,变为

$$\pi_{ji} = \frac{e_{ij} s_j^\alpha}{\sum_l e_{il} s_l^\alpha} \tag{9.17}$$

则游走的递归方程为

$$p_i^{t+1} = \sum_{j=1}^N \pi_{ij} p_j^t \tag{9.18}$$

当 $t \to \infty$ 时,式(9.18)收敛于平衡点,其值为

$$p_i^* = \frac{s_i^\alpha \sum_j e_{ij} s_j^\alpha}{\sum_l s_l^\alpha \sum_j e_{lj} s_j^\alpha} \tag{9.19}$$

式(9.19)表明,数据包转发的稳定状态分布取决于节点在同步层中的强度以及局域内其他节点传递的强度的融合情况。

2. 同步层动力学

对于同步层的时钟脉冲发放所产生的非线性耦合动力学,可描述为异质耦合强度的 Kuramoto 模型,即

$$\dot{\theta}_i = N p_i + \sigma \sum_{j=1}^N W_{ij} \sin(\theta_j - \theta_i) \tag{9.20}$$

其中:W_{ij} 表示异质耦合强度矩阵的元;$N p_i$ 实际上是节点 i 的脉冲发放频率,它意

味着数据包缓存对节点发放频率的影响,比例系数给定为网络大小;σ 是耦合强度的平均因子,为可变参数;θ_i 表示节点的时钟相位。

同理,为了度量同步层中一组非线性相位振子的同步程度,我们定义全局序参量,有

$$re^{i\psi} = \frac{1}{N}\sum_{j=1}^{N} e^{i\theta_j} \tag{9.21}$$

对于式(9.20)的同步演化行为,我们可以根据平均场理论进行理论分析。相关的理论推导类似于第 8 章中的阐述。

9.3 同步动力学的数值模拟

根据异质边模型及其动力学演化方程,本小节将进行数值模拟。首先,进行同步相变模拟。其次,模拟同步的双稳态。最后,进一步探究在数据包偏好转发机制下,如何实现网络同步相变的内在可控设计。

9.3.1 同步相变模拟

在数据包偏好转发机制不变的情形下,模拟网络同步的行为。首先,设置数据包偏好转发的调谐参数 $\alpha = 0.8$。其次,依据模型的动力学演化方程进行数值模拟。当演化进入稳态时,研究序参量对平均耦合强度因子的依赖关系。

如图 9-6 所示,同步相变展现出爆炸性同步。与此同时,为了比较同步涌现效果,我们将节点度偏好的同质性多层模型、节点度偏好的异质性多层模型、节点强度偏好的同质性多层模型、节点强度偏好的异质性多层模型的同步依赖关系,绘制在一幅图中。

从图 9-6 中可以看到,节点度偏好的同质性多层模型、节点度偏好的异质性多层模型、节点强度偏好的异质性多层模型均展现出了爆炸性同步。而节点强度偏好的同质性多层模型展现的是连续相变。值得注意的是,节点强度偏好的异质性多层模型的相变点增大,这意味着系统的同步能力不足。

针对上述模型,我们探究了四种模型的有效频率对耦合强度的依赖关系。如图 9-7 所示,节点度偏好以及节点强度偏好的两种同质性多层模型的有效频率呈现均匀分布(图 9-7(a)和(b))。而两种异质性多层模型的有效频率表现出强的异质性(图 9-7(c)和(d))。显然,异质性增加了同步的难度。在这里,我们也注意到,

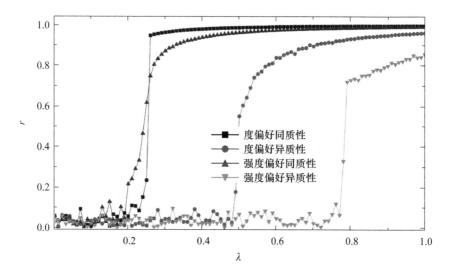

图 9-6　各种模型同步相变的比较结果

节点强度偏好的异质性多层模型的相变点增大,这意味着同步化程度不足,系统中依然存在较多的漂移节点。究其原因,我们认为度小的节点在增加了耦合权重后,其重要性进一步降低,从而导致节点强度分布具有更强的异质性,而度大的节点几乎不受影响。另外,同步层节点间耦合强度的异质性可能导致平均耦合作用变弱,所以相变点增大,同步能力不足。

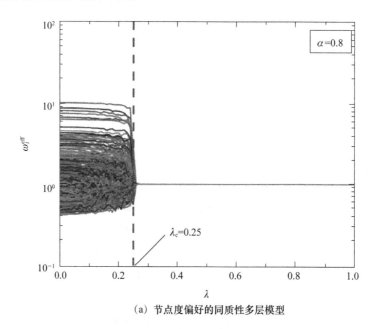

(a) 节点度偏好的同质性多层模型

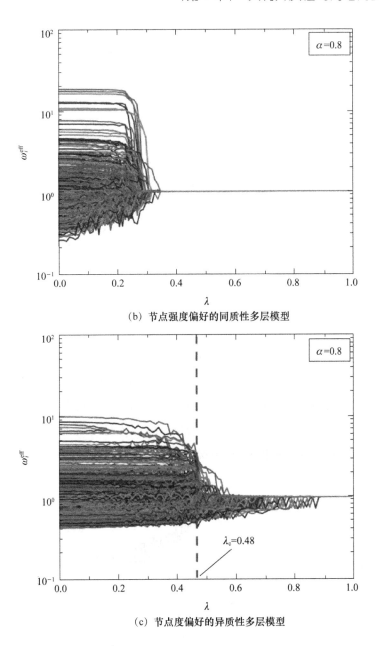

（b）节点强度偏好的同质性多层模型

（c）节点度偏好的异质性多层模型

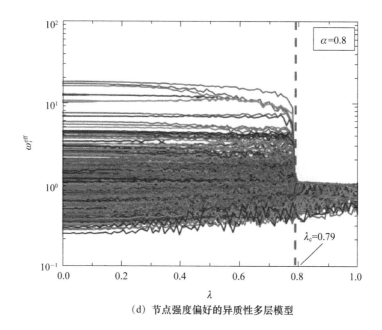

（d）节点强度偏好的异质性多层模型

图 9-7   四种模型的有效频率对耦合强度的依赖关系

基于上述讨论，我们得到的结论是，节点度偏好规则下的同质性耦合强度的多层动力学模型的同步能力最好。另外，图 9-8 展示了节点度偏好同质性多层模型以及节点强度偏好异质性多层模型数据包转发进入稳态时的分布。图 9-8 中显示，它们均表现出了无标度的特征，其分布服从幂律分布。

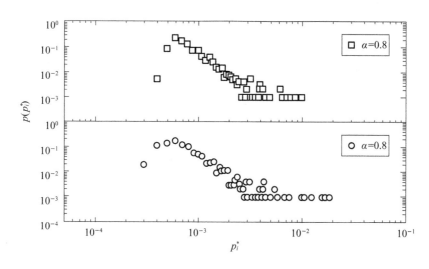

图 9-8   两种异质性多层模型的数据包转发，在稳态时的分布

9.3.2　同步双稳态模拟

相变的双稳态现象体现了系统快速同步的稳健性和抗噪声能力。我们对节点强度偏好的异质性多层模型进行了双稳态测试。测试结果如图 9-9 所示,白色区域标记有双稳态区域的出现。

由于系统存在惯性效应,所以系统的相变过程不可逆。在相变中,正向和反向变化过程的相变点不同,存在迟滞回路。所以,在偏好调谐参数较宽的范围内,同时出现两个稳定状态,并将白色区域称为双稳态区域。

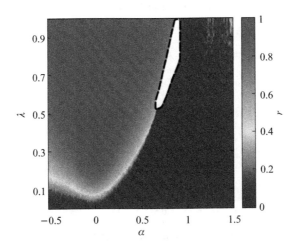

图 9-9　节点强度偏好的异质性多层模型的双稳态测试结果

在该区域内,爆炸性同步的转变较为稳定。双稳态区域的出现保证了系统能够在相关参数发生显著变化时,仍然能够保持时钟脉冲同步发放。这一现象表明,设计的新模型通过调控相互作用强度和偏好调谐参数,能够控制网络实现快速的同步化转变,并可靠地维持网络有节律的工作。

我们对比性地测试了其他三种模型的双稳态现象。在图 9-10 中,我们均能观察到双稳态现象。其中,双稳态区域出现的位置有所不同,节点度偏好的同质性多层模型的效果最好,这与前面的分析结果一致。

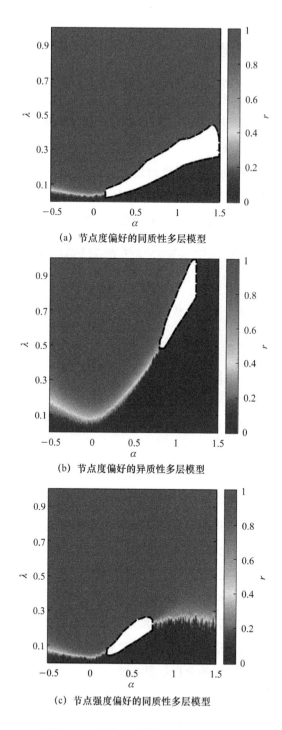

(a) 节点度偏好的同质性多层模型

(b) 节点度偏好的异质性多层模型

(c) 节点强度偏好的同质性多层模型

图 9-10　其他三种模型的双稳态现象

综上结果表明,在利用节点强度调控数据包转发的情形下,由于异质性耦合强度的存在,抑制了平均耦合因子的调控能力。所以,在设计无线传感器网络的同步时,应该考虑图 9-10(a)中的模型。采用该模型时,需要解决如何避免耦合强度差异性的问题。

本 章 小 结

针对无线传感器网络在实际运行中的同步设计问题,本章在异质性动学力模型和数值模拟结果的基础上,我们重新阐释了具有异质性耦合强度的多层动力学模型。首先,数据传输层的数据包转发受同步层节点强度调节。反过来,数据包的缓存影响节点时钟发放频率。其次,基于这一机制,利用图卷积网络提取了节点间的异质性耦合强度。

具有异质性耦合强度的多层动力学模型可以产生爆炸性同步相变,以及双稳态现象。其中,爆炸性同步相变有利于实现无线传感器网络的快速同步,而双稳态性质有助于维持网络有节律的同步工作。

该模型尽管最大程度地模拟了网络的实际工作情形,但它的同步能力却表现不足。可能的原因是,异质性耦合强度的引入使平均场耦合强度的同步控制能力受到了抑制。理想的同质边多层动力学模型,无论是爆炸性同步相变还是双稳态区域,都表现出了优异的性能。因此,在未来无线传感器网络同步设计中,需解决的关键问题是,如何抵消异质性耦合强度的影响。

参考文献

[1] AKYILDIZ I F, SU W, SANKARASUBRAMANIAM Y, et al. Wireless sensor networks：A survey [J]. Computer Networks，2002，38（4）：393-422.

[2] BULUSU N, JHA S. Wireless sensor networks：a systems perspective [M]. Boston：Artech House，2005.

[3] 吴逍航. 星载传感网络信息融合与资源调配 [D]. 西安：西安电子科技大学，2020.

[4] 石浩. 复杂环境中无线传感器网络定位算法研究 [D]. 杭州：浙江工业大学，2015.

[5] 刘灵芝，诸强. 无线传感器网络在医疗领域的应用 [J]. 国际生物医学工程杂志，2010，33(4)：245-248.

[6] 彭绯，彭斌. 智慧城市与无线传感器网络 [M]. 北京：北京理工大学出版社，2022.

[7] 阿钦·瑟潘汀,卡西姆·M·乔哈里. 无线传感器网络中的同步技术：参数估计、性能基准及协议 [M]. 唐万斌，冯娴静，等译. 西安：西安交通大学出版社，2012.

[8] 陈伊卿. 无线传感器网络时间同步算法研究 [D]. 西安：西安电子科技大学，2011.

[9] 樊宇. 基于复杂网络理论的无线传感器网络同步技术研究 [D]. 重庆：重庆大学，2013.

[10] 陈林星，曾曦，曹毅. 移动 Ad Hoc 网络：自组织分组无线网络技术 [M]. 2版. 北京：电子工业出版社，2012.

[11] BIANCONI G. Multilayer networks：structure and function ［M］. Oxford：Oxford University Press，2018.

[12] BIANCONI G. Higher-order networks：an introduction to simplicial complexes ［M］. Cambridge：Cambridge University Press，2021.

[13] 李建中，高宏. 无线传感器网络的研究进展 ［J］. 计算机研究与发展，2008，45（1）：1-15.

[14] MAHAPATRA R K, KALIYATH Y, SHET N S V, et al. A survey on wireless sensor network（applications and architecture）［J］. International Journal of Communication Networks and Distributed Systems，2024，30（2）：136-201.

[15] 李俊民，李靖，杜彩霞. 线性控制系统理论与方法 ［M］. 西安：西安电子科技大学出版社，2009.

[16] ZHAO J，HILL D J，LIU T. Synchronization of dynamical networks with nonidentical nodes：Criteria and control ［J］. IEEE Transactions on Circuits and Systems I：Regular Papers，2011，58（3）：584-594.

[17] 吕金虎. 复杂动力网络的数学模型与同步准则 ［J］. 系统工程理论与实践，2004，24（4）：17-22.

[18] 郭雷，许晓鸣. 复杂网络 ［M］. 上海：上海科技教育出版社，2006.

[19] SONG Q，CAO J D，LIU F. Synchronization of complex dynamical networks with nonidentical nodes ［J］. Physics Letters A，2010，374（4）：544-551.

[20] WANG T F，LI J M，TANG S. Adaptive synchronization of nonlinearly parameterized complex dynamical networks with unknown time-varying parameters ［J］. Mathematical Problems in Engineering，2012，2012（1）：1-16.

[21] XIANG J，CHEN G R. On the V-stability of complex dynamical networks ［J］. Automatica，2007，43（6）：1049-1057.

[22] ZHAO J，HILL D J，LIU T. Synchronization of complex dynamical networks with switching topology：A switched system point of view ［J］. Automatica，2009，45（11）：2502-2511.

[23] 赵明，汪秉宏，蒋品群，等. 复杂网络上动力系统同步的研究进展［J］. 物理

学进展，2005，25(3):273-295.

[24] 赵明，周涛，陈关荣，等. 复杂网络上动力系统同步的研究进展Ⅱ——如何提高网络的同步能力 [J]. 物理学进展，2008，28(1): 22-34.

[25] 吕金虎. 复杂网络的同步:理论、方法、应用与展望[J]. 力学进展，2008，38(6):713-722.

[26] ARENAS A, DÍAZ-GUILERA A, KURTHS J, et al. Synchronization in complex networks [J]. Physics Reports，2008，469(3): 93-153.

[27] Chen G R, Wang X F, Li X, et al. Recent advances in Nonlinear Dynamicsamics and synchronization[M]. Berlin, Germany, Springer, 2009;3-16.

[28] YU W W, CHEN G R, LÜ J H, et al. Synchronization via pinning control on general complex networks [J]. SIAM Journal on Control and Optimization, 2013，51(2): 1395-1416.

[29] TANG Y, QIAN F, GAO H J, et al. Synchronization in complex networks and its application-A survey of recent advances and challenges [J]. Annual Reviews in Control, 2014，38: 184-198.

[30] 吕琳媛，陆君安，张子柯，等. 复杂网络观察 [J]. 复杂系统与复杂性科学，2010，7(2): 173-186.

[31] 陈娟，陆君安. 复杂网络中尺度研究揭开网络同步化过程[J]. 电子科技大学报，2012，41(1):8-16.

[32] 张峥，朱炫颖. 复杂网络同步控制的研究进展 [J]. 信息与控制，2017，46(1): 103-112.

[33] M E J NEWMAN. 网络科学引论 [M]. 郭世泽，陈哲，译. 北京:电子工业出版社，2014.

[34] 汪小帆，李翔，陈关荣. 网络科学导论 [M]. 北京:高等教育出版社，2012.

[35] 史定华. 网络度分布理论 [M]. 北京:高等教育出版社，2011.

[36] B S MANOJ, ABHISHEK CHARKRABORTY, RAHUL SINGH. 深入理解复杂网络:网络和信号处理视角[M]. 邢长友，淦文燕，译. 北京:机械工业出版社，2019.

[37] ERDÖS P, RÉNYI A. On the evolution of random graphs[J]. Publications of the Mathematical Institute of the Hungarian Academy of Sciences,

1960,5：17-61.

[38]　ERDÖS P，RÉNYI A. On the strength of connectedness of a random graph [J]. Acta Mathematica Academiae Scientiarum Hungarica，1964，12 (1)：261-267.

[39]　NEWMAN M E J，WATTS D J. Renormalization group analysis of the small-world network model [J]. Physics Letters A，1999，263(4/5/6)：341-346.

[40]　WATTS D J，STROGATZ S H. Collective dynamics of "small-world" networks [J]. Nature，1998，393：440-442.

[41]　BARABASI A L，ALBERT R. Emergence of scaling in random networks [J]. Science，1999，286(5439)：509-512.

[42]　VAN GREUNEN J，RABAEY J. Lightweight time synchronization for sensor networks [C]//Proceedings of the 2nd ACM international conference on Wireless sensor networks and applications - WSNA'03. San Diego，2003：11-19.

[43]　LEVA A，TERRANEO F，RINALDI L，et al. High-precision low-power wireless nodes' synchronization via decentralized control [J]. IEEE Transactions on Control Systems Technology，2016，24(4)：1279-1293.

[44]　HE J P，CHEN J M，CHENG P，et al. Secure time synchronization in wireless sensor networks：a maximum consensus-based approach [J]. IEEE Transactions on Parallel and Distributed Systems，2014，25(4)：1055-1065.

[45]　PHAN L A，KIM T，KIM T. Robust neighbor-aware time synchronization protocol for wireless sensor network in dynamic and hostile environments [J]. IEEE Internet of Things Journal，2021，8(3)：1934-1945.

[46]　LIU Z B，LIU W Z，MA Q，et al. Security cooperation model based on topology control and time synchronization for wireless sensor networks [J]. Journal of Communications and Networks，2019，21(5)：469-480.

[47]　VISHNU P，RADERSHAN S，LEWANGAMAGE C S，et al. Synchronized sensing and network scalability of low-cost wireless sensor networks for

monitoring civil infrastructures［C］//2020 Moratuwa Engineering Research Conference (MERCon). Moratuwa, 2020: 337-342.

[48] PIKOVSKY A, ROSENBLUM M, KURTHS J. Synchronization: a universal concept in nonlinear sciences［M］. Cambridge: Cambridge University Press, 2001.

[49] Y Kuramoto. Chemical Oscillations, Waves, and Turbulence[M]. Berlin: Springer, 1984.

[50] ARENAS A, DÍAZ-GUILERA A, KURTHS J, et al. Synchronization in complex networks［J］. Physics Reports, 2008, 469(3): 93-153.

[51] RODRIGUES F A, PERON T K D, JI P, et al. The Kuramoto model in complex networks［EB/OL］. (2015-11-23)［2023-12-1］. http://arxiv.org/abs/1511.07139.

[52] RANJAN A, GANDHI S R. Interplay between resource dynamics, network structure and spatial propagation of transient explosive synchronization in an adaptively coupled mouse brain network model［J］. 2023.

[53] 吴功宜, 吴英. 计算机网络［M］. 4 版. 北京: 清华大学出版社, 2017.

[54] YOO S E, KIM J E, KIM T, et al. A2S: Automated Agriculture System based on WSN［C］//2007 IEEE International Symposium on Consumer Electronics. Irving, 2007: 1-5.

[55] ESNAASHARI M, MEYBODI M R. A learning automata based scheduling solution to the dynamic point coverage problem in wireless sensor networks［J］. Computer Networks, 2010, 54(14): 2410-2438.

[56] SOMMER P, WATTENHOFER R. Gradient clock synchronization in wireless sensor networks［C］//2009 International Conference on Information Processing in Sensor Networks. San Francisco, 2009: 37-48.

[57] MOON S B, SKELLY P, TOWSLEY D. Estimation and removal of clock skew from network delay measurements［C］//IEEE INFOCOM'99. Conference on Computer Communications. Proceedings. Eighteenth Annual Joint Conference of the IEEE Computer and Communications

Societies. The Future is Now（Cat. No. 99CH36320）. New York，1999：227-234.

[58] PING S. Delay measurement time synchronization for wireless sensor networks[J]. Intel Research Berkeley Lab，2003，6：1-10.

[59] GANERIWAL S，GANESAN D，SHIM H，et al. Estimating clock uncertainty for efficient duty-cycling in sensor networks[C]//Proceedings of the 3rd international conference on Embedded networked sensor systems. 2005：130-141.

[60] WANG X，YI D，ZHANG Z. Discovery of random delay distribution based on complex WSN clock synchronization[J]. Wireless Personal Communications，2021，119(3)：2487-2500.

[61] 伊德尔昆.无线传感器网络时钟同步关键技术的研究与实现[D]. 呼和浩特：内蒙古大学,2021.

[62] 杨振海，程维虎，张军舰. 拟合优度检验[M]. 北京：科学出版社，2011：14-17.

[63] 宗序平，姚玉兰. 利用 Q-Q 图与 P-P 图快速检验数据的统计分布[J]. 统计与决策，2010(20)：151-152.

[64] S GANERIWAL，R KUMAR，M SRIVASTAVA. Timing synch protocol for sensor networks[C]//In Proceedings of 1st International Conference on Embedded Network Sensor Systems. Los Angeles，2005.

[65] LI Q，RUS D. Global clock synchronization in sensor networks[J]. IEEE Transactions on Computers，2006，55(2)：214-226.

[66] RÖMER K. Time synchronization in ad hoc networks[C]//Proceedings of the 2nd ACM international symposium on Mobile ad hoc networking & computing. 2001：173-182.

[67] SICHITIU M L，VEERARITTIPHAN C. Simple，accurate time synchronization for wireless sensor networks[C]//2003 IEEE Wireless Communications and Networking. New Orleans，2003：1266-1273.

[68] NOH K L，SERPEDIN E，QARAQE K. A new approach for time synchronization in wireless sensor networks：Pairwise broadcast

synchronization [J]. IEEE Transactions on Wireless Communications, 2008, 7(9): 3318-3322.

[69] 王滨. 基于物联网的草原火监测系统的研究[D]. 呼和浩特: 内蒙古大学, 2021.

[70] DJUROVIC I. Achieving cramer-Rao lower bounds in sensor network estimation [J]. IEEE Sensors Letters, 2018, 2(1): 7000104.

[71] GUSI-AMIGÓ A, CIOSAS P, VANDENDORPE L. Mean square error performance of sample mean and sample Median estimators [C]//2016 IEEE Statistical Signal Processing Workshop (SSP). Palma de Mallorca, 2016: 1-5.

[72] DJENOURI D. R^4 Syn: Relative referenceless receiver/receiver time synchronization in wireless sensor networks [J]. IEEE Signal Processing Letters, 2012, 19(4): 175-178.

[73] NOH K L, SERPEDIN E. Pairwise broadcast clock synchronization for wireless sensor networks[C]//2007 IEEE International Symposium on a World of Wireless, Mobile and Multimedia Networks. 2007: 1-6.

[74] BENZAÏD C, BAGAA M, YOUNIS M. An efficient clock synchronization protocol for wireless sensor networks [C]//2014 International Wireless Communications and Mobile Computing Conference (IWCMC). Nicosia, 2014: 718-723.

[75] ELSON J, GIROD L, ESTRIN D. Fine-grained network time synchronization using reference broadcasts[J]. ACM SIGOPS Operating Systems Review, 2002, 36: 147-163.

[76] MOCK M, FRINGS R, NETT E, et al. Continuous clock synchronization in wireless real-time applications [C]//Proceedings 19th IEEE Symposium on Reliable Distributed Systems SRDS. Nurnberg, 2000: 125-132.

[77] PALCHAUDHURI S, SAHA A K, JOHNSON D B. Adaptive clock synchronization in sensor networks [C]//Proceedings of the 3rd international symposium on Information processing in sensor networks. 2004: 340-348.

[78] SU W, AKYILDIZ I F. Time-diffusion synchronization protocol for wireless sensor networks [J]. IEEE/ACM Transactions on Networking, 2005, 13(2): 384-397.

[79] JAIN S, SHARMA Y. Optimal Performance Reference Broadcast Synchronization (OPRBS) for time synchronization in wireless sensor networks [C]//2011 International Conference on Computer, Communication and Electrical Technology (ICCCET). Tirunelveli, 2011: 171-175.

[80] TAMULY P, CHAKRABORTY A, DAS S. Experimental verification of constrained minimum variance unbiased estimator for simultaneous input and state estimation of Bounded Input and Bounded Output (BIBO) type Bouc-Wen hysteretic structural system[J]. Structural Control and Health Monitoring, 2021, 28(1): 2648.

[81] MACNAB Y C. Bayesian estimation of multivariate Gaussian Markov random fields with constraint [J]. Statistics in Medicine, 2020, 39(30): 4767-4788.

[82] AGIWAL V, KUMAR J, SHANGODOYIN D K. A Bayesian analysis of complete multiple breaks in a panel autoregressive (CMB-PAR(1)) time series model [J]. Statistics in Transition New Series, 2020, 21(5): 133-149.

[83] VALERI M, POLINO E, PODERINI D, et al. Experimental adaptive Bayesian estimation of multiple phases with limited data [J]. NPJ Quantum Information, 2020, 6: 92.

[84] 贾俊平. 统计学 [M]. 4 版. 北京: 中国人民大学出版社, 2011: 2-3.

[85] SENGIJPTA S K. Fundamentals of statistical signal processing: Estimation theory [J]. Technometrics, 1995, 37(4): 465-466.

[86] KALMAN R E. A new approach to linear filtering and prediction problems [J]. Journal of Basic Engineering, 1960, 82(1): 35-45.

[87] SORENSON H W. Least-squares estimation: From Gauss to Kalman [J]. IEEE Spectrum, 1970, 7(7): 63-68.

[88] BROWN R G, HWANG P Y C. Introduction to random signals and applied Kalman filtering [M]. 2nd. New York: J Wiley, 1992.

[89] GREWAL M S, ANDREWS A P. Kalman filtering: theory and practice [M]. Englewood Cliffs: Prentice-Hall, 1993.

[90] ENGELBERG S, MILGROM B. Tracking using state estimation: A brief introduction [J]. IEEE Instrumentation & Measurement Magazine, 2019, 22(3): 36-42.

[91] YAN D Q, ZHONG Q, SUI Y F. Spatial Kalman filters and spatial-temporal Kalman filters [C]//2014 12th International Conference on Signal Processing (ICSP). Hangzhou, 2014: 1902-1905.

[92] HU B, SUN Z X. On least squares weighted recursive estimation of clock skew and offset in wireless sensor networks [J]. Chinese Journal of Electronics, 2017, 26(5): 1041-1047.

[93] MESGARZADEH B, HANSSON M, ALVANDPOUR A. Jitter characteristic in resonant clock distribution [C]//2006 Proceedings of the 32nd European Solid-State Circuits Conference. Montreaux, 2006: 464-467.

[94] SOTERO R C, SANCHEZ-RODRIGUEZ L M, DOUSTY M, et al. Cross-frequency interactions during information flow in complex brain networks are facilitated by scale-free properties [J]. Frontiers in Physics, 2019, 7: 107.

[95] SHETH S A, NEMOTO M, GUIOU M, et al. Linear and nonlinear relationships between neuronal activity, oxygen metabolism, and hemodynamic responses [J]. Neuron, 2004, 42(2): 347-355.

[96] ALLEN E A, PASLEY B N, DUONG T, et al. Transcranial magnetic stimulation elicits coupled neural and hemodynamic consequences [J]. Science, 2007, 317(5846): 1918-1921.

[97] IADECOLA C. Neurogenic control of the cerebral microcirculation: Is dopamine minding the store? [J]. Nature Neuroscience, 1998, 1(4): 263-265.

[98] PHILIPPOT C，GRIEMSMANN S，JABS R，et al．Astrocytes and oligodendrocytes in the thalamus jointly maintain synaptic activity by supplying metabolites [J]．Cell Reports，2021，34(3)：108642．

[99] NICOSIA V，SKARDAL P S，LATORA V，et al．Spontaneous synchronization driven by energy transport in interconnected networks[J]．ArXiv Preprint ArXiv，2014：1-11．

[100] 韩钰.能量诱发下异质性复杂系统的爆炸同步研究[D]．呼和浩特：内蒙古财经大学,2023.

[101] RAYLEIGH．The problem of the random walk [J]．Nature，1905，72(1866)：318.

[102] 钭斐玲，胡延庆，黎勇，等.空间网络上的随机游走[J]．物理学报，2012，61(17)，571-577.

[103] MASUDA N，PORTER M A，LAMBIOTTE R．Random walks and diffusion on networks[J]．Physics reports，2017，716，1-58.

[104] SCARSELLI F，TSOI A C，GORI M，et al．Graphical-based learning environments for pattern recognition [C]//Structural，Syntactic，and Statistical Pattern Recognition：Joint IAPR International Workshops，SSPR 2004 and SPR 2004，Lisbon，Portugal，August 18-20，2004．Proceedings．Springer Berlin Heidelberg，2004：42-56.

[105] GORI M，MONFARDINI G，SCARSELLI F．A new model for learning in graph domains [C]//Proceedings of 2005 IEEE International Joint Conference on Neural Networks．Montreal，2005：729-734.

[106] SCARSELLI F，GORI M，TSOI A C，et al．The graph neural network model[J]．IEEE transactions on neural networks，2008，20(1)：61-80.

[107] ZHANG M H，CHEN Y X．Link prediction based on graph neural networks [EB/OL]．(2018-11-20)[2023-12-1]．http://arxiv.org/abs/1802.09691.

[108] LIU Z Y，ZHOU J．Introduction to graph neural networks [J]．Synthesis Lectures on Artificial Intelligence and Machine Learning，2020，14(2)：1-127.

[109] 吴博,梁循,张树森,徐睿.图神经网络前沿进展与应用[J].计算机学报, 2022,45(1):35-68.

[110] 张永.基于图卷积网络和显式张量表示的胶囊网络图分类方法研究 [D]. 西安:西安理工大学,2021.

[111] 邹维远.基于图神经网络的推荐算法研究及应用 [D]. 南昌:南昌大 学,2021.

[112] KIPF T N,WELLING M. Semi-supervised classification with graph convolutional networks [EB/OL]. (2017-2-22)[2023-12-1]. http:// arxiv.org/abs/1609.02907.